普通高等教育"十三五"规划教材
高等院校计算机系列教材
空间信息技术实验系列教材

U0362748

计算机网络实验教程

袁凌云　曾　瑞　编

华中科技大学出版社
中国·武汉

内 容 简 介

本书紧扣"计算机网络"课程的大纲,以计算机网络基础、交换技术、路由技术、服务器技术为核心,辅以协议分析技术、网络编程技术基础、网络安全技术基础,并提供了综合实验设计与参考。本书内容全面、丰富,针对每一模块特征,精选实验项目,针对性强,原理叙述精练而清楚,操作过程清晰而翔实,参考性强。每个实验都配有小结、思考与练习,可读性、可操作性和实用性强。

本书逻辑清晰,结构合理,图文并茂,适合作为计算机及网络相关专业的本专科教材,也可供网络工程技术人员参考。

图书在版编目(CIP)数据

计算机网络实验教程/袁凌云,曾瑞编.—武汉:华中科技大学出版社,2018.8(2019.7重印)
普通高等教育"十三五"规划教材.高等院校计算机系列教材
ISBN 978-7-5680-3970-3

Ⅰ.①计… Ⅱ.①袁… ②曾… Ⅲ.①计算机网络-实验-高等学校-教材 Ⅳ.①TP393-33

中国版本图书馆 CIP 数据核字(2018)第 184900 号

计算机网络实验教程
Jisuanji Wangluo Shiyan Jiaocheng

袁凌云 曾 瑞 编

策划编辑:徐晓琦 李 露
责任编辑:陈元玉
封面设计:原色设计
责任校对:刘 竣
责任监印:赵 月
出版发行:华中科技大学出版社(中国·武汉) 电话:(027)81321913
　　　　　武汉市东湖新技术开发区华工科技园   邮编:430223
录　排:武汉楚海文化传播有限公司
印　刷:武汉市籍缘印刷厂
开　本:787mm×1092mm 1/16
印　张:11
字　数:258千字
版　次:2019年7月第1版第2次印刷
定　价:28.80元

序

　　21世纪以来,云计算、物联网、大数据、移动互联网、地理空间信息技术等新一代信息技术逐渐形成和兴起,人类进入了大数据时代。同时,国家目前正在大力推进"互联网＋"行动计划和智慧城市、海绵城市的建设,信息产业在智慧城市、环境保护、海绵城市等诸多领域将迎来爆发式增长的需求。信息技术发展促进信息产业飞速发展,信息产业对人才的需求剧增。地方社会经济的发展需要人才支撑,云南省"十三五"规划中明确指出,信息产业是云南省重点发展的八大产业之一。在大数据时代背景下,要满足地方经济发展的需求,对信息技术类本科层次的应用型人才培养提出了新的要求,传统、单一专业技能的学生已不能很好地适应地方社会经济发展的需求,社会经济发展的人才需求将更倾向于融合新一代信息技术和行业领域知识的复合型创新人才。

　　为此,云南师范大学信息学院围绕国家、云南省对信息技术人才的需求,从人才培养模式改革、师资队伍建设、实践教学建设、应用研究发展、发展机制转型5个方面构建了大数据时代下的信息学科。在这一背景下,信息学院组织学院骨干教师编写了空间信息技术实验系列教材,为培养适应云南省信息产业乃至各行各业信息化建设需要的大数据人才提供教材支撑。

　　该系列教材由云南师范大学信息学院的教师所编写,由杨昆负责总体设计,由冯乔生、肖飞、罗毅负责组织实施。系列教材的出版得到了云南省本科高校转型发展试点学院建设项目的资助。

前　言

　　随着社会需求的日益增长,计算机技术和通信技术也迅速发展。网络作为两大技术结合的交叉性学科,已进入社会的各个行业,获得了广泛应用。而"计算机网络"则是网络技术的基础,是计算机相关专业的重要专业必修课程之一。计算机网络技术的不断发展和更新,给"计算机网络"课程的教学提出了更高的要求:要求学习者通过对本课程的学习,能够对计算机网络体系结构、通信技术以及网络应用技术等有一个整体的了解,特别是 Internet、典型局域网、网络环境下的信息处理方式等,同时,要求学习者具备基本的网络规划和设计能力。

　　"计算机网络"是实践性、综合性较强的课程,要求课堂教学与实践教学紧密结合。为了使学习者能够在学习计算机网络的基本概念、网络组成、网络功能和原理的同时,再通过具体的实验加深对网络原理的理解,掌握基本配置方法和调试的基本技能,学会运用网络理论知识正确分析实验中所遇到的各种现象,正确整理、分析实验结果和数据,提高分析问题和解决问题的能力,并进一步加深对计算机网络基本知识和原理的理解,我们编写了本书。

　　全书共分为 8 章。第 1 章为计算机网络基础实验,包括网络设备认知、网络操作系统安装配置、双绞线制作、网络参数设置、网络常用命令、网络仿真工具等内容。第 2 章为交换技术实验,包括交换机的基本配置技术、VLAN 技术、VLAN 路由等内容。第 3 章为路由技术实验,包括路由器的基本配置、静态路由技术、动态路由技术、地址转换技术及 IPv6 技术等内容。第 4 章为服务器实验,包括 DNS 服务器、FTP 服务器、Web 服务器、DHCP 服务器、邮件服务器等的配置及应用等内容。第 5 章为协议分析实验,主要介绍了常用的网络嗅探工具如 Wireshark、Sniffer 等的使用,TCP/IP 基本协议的分析,并选取 ARP 和 RIP 作为典型实验,介绍协议分析的方法及其过程。第 6 章为网络编程基础实验,主要涉及 Socket 套接字编程,选取了两个比较典型的实例进行了介绍。第 7 章为网络安全基础实验,主要选取了访问控制列表和防火墙两个实例进行了介绍。第 8 章为课程综合实验。

　　本书是"计算机网络"教学团队在多年教学过程和经验的基础上编写的。其主要特色是内容全面、丰富,针对每一模块特征,精选实验项目,针对性强。原理叙述精练而清楚,操作过程清晰而翔实,参考性强。每个实验都配有小结、思考与练习,可读性、可操作性和实用性强。

本书编写过程中参考了国内外的一些相关文献,也参考和借鉴了高等院校的一些相关资料以及网站资源,由于版面关系,没有一一标明引用文献的出处,编者在此表示深深的歉意和诚挚的感谢。

由于编者水平有限,加上计算机技术发展迅速,本书难免有疏漏之处,恳请读者批评指正。

编　者

2018 年 2 月

目　　录

第1章　计算机网络基础实验

本章让学习者初步了解计算机网络所需的硬件设备、操作系统、相关软件及协议等，为后续实验的开展奠定基础。通过实验一，让学习者了解和熟悉常用网络设备、通信介质以及网络操作系统。通过完成实验二中双绞线的制作，初步接触计算机网络传输媒介的制作、使用和操作。通过实验三，让学习者进一步了解网络 IP 参数的设置，并熟悉网络常用命令的运行和使用。网络仿真工具作为计算机网络课程实验的完善和补充，能用于学习者在课堂外进行网络实验的预习和练习，也是学习者巩固所学知识和考取相关证书的有效工具。实验四将详细介绍其基本操作方法和步骤。

实验一　网络设备及通信介质认知

一、实验目的

(1)认识常用的网络设备和网络通信介质；
(2)了解交换机、路由器的工作原理，了解网络的分层体系结构；
(3)认识学校校园网的网络结构以及网络的组成。
(4)了解和熟悉网络操作系统的使用。

二、实验内容

(1)认知网络组网设备；
(2)认知网络联网通信介质；
(3)了解网络的分层体系结构。
(4)了解和熟悉网络操作系统的使用。

三、实验仪器及环境

(1)学院校园网；
(2)网络实验室。

四、实验原理

计算机网络的组网设备如下。

1. 集线器

集线器(Hub)的主要功能是对接收到的信号进行再生、整形、放大，以扩大网络的传输距离，同时把所有节点集中在以它为中心的节点上。它工作于 OSI 参考模型的第一层，即"物理层"。集线器是中继器的一种，区别仅在于集线器能够提供更多的端口服务，所以集线器又叫多口中继器。集线器主要以优化网络布线结构，简化网络管理为目标而设计的。集线器是对网络进行集中管理的最小单元，像树的主干一样，它是各分枝的汇集点,如图 1-1 所示。

图 1-1 集线器示意图

2.交换机

交换机(Switch)是可用于信号转发的设备,体现了桥接复杂交换技术在 OSI 参考模型中第二层操作的特点。交换机按每一个数据包中的 MAC 地址,相对简单地决策信息的转发。这种转发决策一般不考虑数据包中隐藏很深的其他信息,而且转发延迟很小,操作接近单个局域网性能,其性能远超普通桥接互联网之间的转发。交换机示意图如图 1-2 所示。

Total Control VOIP

图 1-2 交换机示意图

(1)传统交换机。传统交换机工作在数据链路层上,根据 MAC 地址进行信息帧的转发,具有很高的端口密度,可以看成是一种多端口的高速网桥,如图 1-3 所示。在交换机类型中有一种工作在 OSI 参考模型中第三层的特殊交换机,它既具有第三层的路由功能,也具有第二层的快速转发功能,该类型的交换机在实际网络场景中运用较为广泛,我们称这类交换机为路由交换机。

(2)无线交换机。无线交换机提升了无线网络的可管理性、安全性和升级能力,降低了组网成本,成为无线局域网(WLAN)系统的"大脑",如图 1-4 所示。WLAN 交换技术用于集中控制接入点和无线交换功能,具有提供跨无线基础设施保护用户身份的能力。

图 1-3 传统交换机示意图 　　　　　　　图 1-4 无线交换机示意图

3. 路由器

路由器(Router)是进行网络间连接的关键设备,是不同网络之间互接的枢纽。路由器系统构成了基于TCP/IP的因特网主体脉络或骨架。路由器的处理速度是网络通信的主要瓶颈之一。它的可靠性也直接影响网络互连的品质。因此,在局域网、城域网乃至整个网络研究领域中,路由器技术始终处于核心地位。一方面,路由器能够连接不同类型的网络,如连接DDN、FDDI、以太网等;另一方面,路由器可将整个互联网分割成逻辑上相互独立的子网。路由器背板示意图如图1-5所示。

图1-5 路由器背板示意图

4. 网卡

网卡是负责计算机网络信号发送与接收的关键设备(见图1-6)。网卡主要具有以下功能。

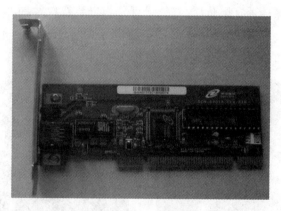

图1-6 网卡示意图

(1)载波检测功能(检测介质上是否有信号);

(2)发送/接收控制部件及缓冲区;

(3)对发送/接收的数据进行编码/译码,使其转换成适合用在LAN上传输的信号。

网卡的物理地址也称为MAC地址,通常由生产厂家将其固化在网卡硬件中。网卡的中断请求(IRQ)号一般为3,I/O基地址一般为300H,存储器基地址一般为C000H。网卡可以以全双工/半双工模式工作,传输速率可达10/100/1000 Mb/s。

5. 计算机网络的传输介质

按照传输介质的不同,计算机网络可分为有线网络和无线网络两种。有线网络是指采用同轴电缆、双绞线、光纤等作为传输介质的计算机网络。无线网络是指采用微波、红外线、无线电等电磁波作为传输介质的计算机网络。无线网络的连网方式灵活方便,是一种很有前途的组网方式。

有线网络常用的传输介质有以下几种。

(1)同轴电缆(见图1-7)。按同轴电缆的直径和特性阻抗的不同,同轴电缆通常可分为粗缆和细缆。粗缆直径为 10 mm,特性阻抗为 75 Ω,使用中经常被频分复用,因此又被称为宽带同轴电缆,是有线电视中的标准传输电缆。细缆直径为 5 mm,特性阻抗为 50 Ω,常用来传送没有载波的基带信号,因此又被称为基带同轴电缆。

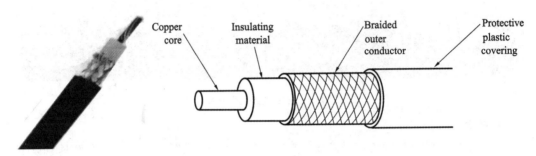

图 1-7 同轴电缆示意图

(2)双绞线。按照是否有屏蔽层,双绞线可分为屏蔽双绞线和非屏蔽双绞线。其中,屏蔽双绞线以箔屏蔽来减少干扰和串音,多用于保密网络传输需求,价格昂贵(见图1-8);非屏蔽双绞线价格便宜,适用于普通场合(见图1-9)。

图 1-8 屏蔽双绞线(STP)示意图

图 1-9 非屏蔽双绞线(UTP)示意图

(3)光纤。光纤纤芯由导光性很好的玻璃纤维或塑料制成。其传播是利用全反射原理,只要射到光纤表面的光线的入射角大于某个临界角,就可产生全反射。光会不断在光纤中折射传播下去。若存在多种入射角的光纤,称为多模光纤。如果光纤的直径减小到只有一个光的波长,光就只能沿光纤传播下去,而非来回折射前进,这种光纤称为单模光纤。单模光纤衰减小、无中继、传播距离长。光纤示意图如图1-10所示。

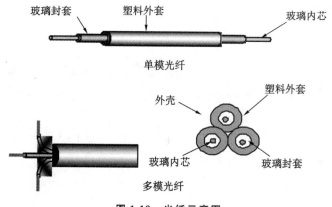

图 1-10　光纤示意图

五、实验步骤

由教师带领学员先参观学校网络中心,由网络中心工作人员讲解校园网的构成、拓扑结构、所使用的网络设备,以及使用的软件环境,每位学员都要做好详细的记录。再参观校园网的终端,并由网络中心工作人员讲解,学员应做好详细的记录。

参观完校园网后,由教师带领学员进入学院计算机网络实验室进行参观。由实验室工作人员介绍实验室中的设备、网络的构成、完成的实验、完成的科研项目,学员应做好详细的记录。

六、小结

通过对网络连接设备、连接方式进行实物接触及认识,让学生对网络的建立有一个初步的概念。

七、思考与练习

(1)你在校园网络中心见到了哪些组网设备?这些设备有什么特点,其作用分别是什么?

(2)你在校园网络中心见到了哪些连网的通信介质?

(3)尝试在个人计算机上安装网络操作系统。

实验二　双绞线制作

一、实验目的

(1)了解网络传输介质的种类和特点;

(2)了解 RJ-45 水晶头的结构和针脚序号;

(3)掌握双绞线制作工具的使用;

(4)掌握双绞线的制作和测试方法;

（5）了解标准 568A 与 568B 网线的线序；

（6）学会制作双绞线。

二、实验内容

（1）掌握双绞线的制作方法；

（2）掌握相关工具的使用方法；

（3）制作平行线；

（4）制作交叉线。

三、实验仪器及环境

（1）适当长度的双绞线 1 条；

（2）RJ-45 水晶头 2 个；

（3）压线钳 1 把；

（4）网络测线仪 1 台；

（5）PC 2 台。

四、实验原理

1. 双绞线

双绞线可分为屏蔽双绞线（Shielded Twisted Pair，STP）和非屏蔽双绞线（Unshielded Twisted Pair，UTP）。屏蔽双绞线通过屏蔽层来减少相互间的电磁干扰；非屏蔽双绞线通过线的对扭来减少或消除相互间的电磁干扰。双绞线示意图如图 1-11 所示。

(a) 三类100对非屏蔽双绞线　　　　　(b) 五类4对非屏蔽双绞线

图 1-11　双绞线示意图

按电气性能划分，双绞线通常可分为三类、四类、五类、超五类、六类、七类，其中三类和四类基本已不使用，数字越大，版本越新，技术越先进，带宽越宽，价格越贵。

● 一类：主要用于传输语音（一类标准主要用于 20 世纪 80 年代之前的电话线缆），不用于数据传输。

- 二类:传输频率为 1 MHz,用于语音传输和最高传输速率为 4 Mb/s 的数据传输,常见于使用 4 Mb/s 规范令牌传递协议的旧的令牌网。
- 三类:指目前在 ANSI 和 EIA/TIA568 标准中指定的电缆。该电缆的传输频率为 16 MHz,用于语音传输及最高传输速率为 10 Mb/s 的数据传输,主要用于 10 Base-T 网络。
- 四类:该类电缆的传输频率为 20 MHz,用于语音传输和最高传输速率为 16 Mb/s 的数据传输,主要用于基于令牌的局域网和 10 Base-T/100 Base-T 网络。
- 五类/超五类:该类电缆增加了绕线密度,外套一种高质量的绝缘材料,传输频率为 100 MHz,用于语音传输和最高传输速率为 100 Mb/s 的数据传输,主要用于 100 Base-T 和 10 Base-T 网络,这是最常用的以太网电缆。

按绞线对数,双绞线可分为 2 对、4 对、25 对(如 2 对用于电话,4 对用于网络传输,25 对用于通信大对数线缆)。

EIA/TIA 的布线标准中规定了两种双绞线线序,分别是 568A 和 568B,其规定如下。

- 标准 568A:白绿/绿/白橙/蓝/白蓝/橙/白棕/棕。
- 标准 568B:白橙/橙/白绿/蓝/白蓝/绿/白棕/棕。

2. RJ-45 水晶头

RJ-45 水晶头由金属片和塑料构成。当面对金属片时,一般按从左到右的顺序规定引脚序号 1~8,制作网线时序号不能搞错,如图 1-12(a)所示。RJ-45 水晶头安装在双绞线的两端,图 1-12(b)所示的为一段制作好水晶头的网线。

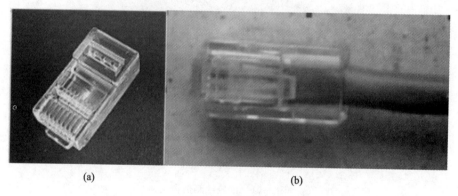

(a)　　　　　　　　　　　　　(b)

图 1-12　水晶头

3. 平行线(直通线)与交叉线

1)两种线的制作

- 平行线:两端都使用相同的接线标准。通常情况下,业界都使用 T568B 标准。
- 交叉线:一端使用 T568A 线序,另一端则使用 T568B 线序。

2)两种线的使用

- 平行线的作用是将不同设备连接在一起,如计算机至交换机。
- 交叉线的作用是将同种设备连接在一起,如计算机至计算机、交换机至交换机。

为了能让交换机与交换机之间用平行线连接,很多交换机上有一个 UP-LINK 的专用口,当你将一台交换机的 UP-LINK 口接到另一个交换机的普通端口时,可以用平行线。但这只是一般情况,现在有很多高档交换机的端口对线序都是自适应的,很少用到交叉线。

4. 双绞线制作工具

常用的网线压线钳如图 1-13 所示,其具有剪线、剥线和压线三种功能。

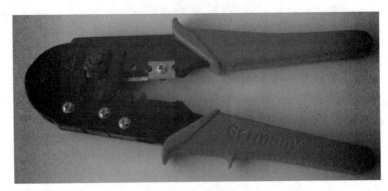

图 1-13　网线压线钳

5. 双绞线测线器

双绞线测线器用来测试制作好水晶头的双绞线是否连通,如图 1-14 所示。

图 1-14　双绞线测线器

五、实验步骤

实验步骤主要有以下几步。

(1)剥线。首先利用斜口钳剪下所需要的双绞线,长度最短为 0.6 m,最长为 100 m。然后利用双绞线剥线器将双绞线的外皮除去 2～3 cm,剥线完成后的双绞线电缆如图 1-15 所示。

(2)拔线。将裸露的双绞线中的橙色对线拔向自己的前方,棕色对线拔向自己的方向,绿色对线拔向左方,蓝色对线拔向右方,结果为[上:橙;左:绿;下:棕;右:蓝],分别如图 1-16、图 1-17 所示。

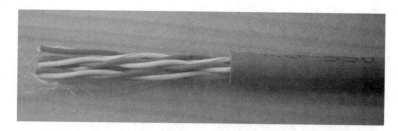

图 1-15　剥线

图 1-16　拔线 1

图 1-17　拔线 2

(3)将绿色对线与蓝色对线放在中间位置,而橙色对线与棕色对线保持不动,即放在靠外的位置,结果为[左一:橙;左二:绿;左三:蓝;左四:棕],如图 1-17 所示。

(4)剥开每一对线,遵循 EIA/TIA568B 的标准,按顺序将颜色排列好,从左至右分别为白橙/橙/白绿/蓝/白蓝/绿/白棕/棕,如图 1-18 所示。

(5)将排列好的双绞线线头用压线钳剪齐,只剩下约 14 mm 的长度,再将双绞线的每根线依序放入 RJ-45 接头的引脚内,第一只引脚内应该放白橙色的线,其余类推,如图 1-19所示。

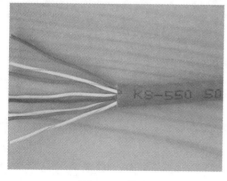

图 1-18　线序

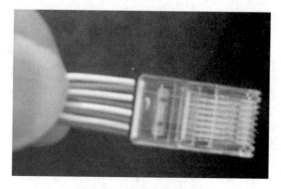

图 1-19　与水晶头的接触

(6)确定双绞线的每根线已经正确放置后,就可以用 RJ-45 压线钳压接 RJ-45 接头。

(7)制作另一端的 RJ-45 接头。

(8)将制作好的双绞线两端的 RJ-45 头分别插入测线器两端,打开测线器电源开关检测制作是否正确。如果测线器的 8 个指示灯按从上到下的顺序循环呈现绿灯,则说明连线制作正确;如果 8 个指示灯中有的呈现绿灯,有的呈现红灯,则说明双绞线线序存在问题;如果 8 个指示灯中有的呈现绿灯,有的不亮,则说明双绞线存在接触不良的问题。

六、小结

通过该实验让学生掌握制作双绞线和信息模块的方法。

1. 易出的问题

易出的问题主要有以下几方面。

(1)剥线时将铜线剪断;

(2)电缆没有整理整齐就插入接头,结果可能使某些铜线并未插入正确的插槽;

(3)电缆插入过短,导致铜线并未与铜片紧密接触。

2. 故障排除

主要就以下两方面来进行故障排除。

(1)当测线器的指示灯不亮时,应查看测线器所使用的电池是否有电,查看电缆是否断裂,或 RJ-45 头制作是否良好;

(2)当插头接触不良时,应检查网卡、集线器、测线器的 RJ-45 连接接口的 8 个对应接点。

七、思考与练习

(1)双绞线中的线缆为何要成对绞在一起,其作用是什么?

(2)双绞线测线器除了测试线缆的连通性外,还能提供其他有关线缆性能的测试吗?

实验三　网络参数配置与常用网络命令使用

一、实验目的

(1)掌握对等网的建立方法;

(2)学会网络参数查看与网络连通性测试方法;

(3)学会建立并应用用户类别、用户权限及组的方法;

(4)学会建立网络访问及资源共享的方法;

(5)熟练掌握网络常用命令的使用方法。

二、实验内容

(1)给 PC 配置 IP 地址及相关网络参数;

(2)建立对等网;

(3)建立网络访问及资源共享;

（4）网络命令的使用。

三、实验仪器及环境

（1）PC 若干台；

（2）交换机 1 台；

（3）双绞线 2 根；

（4）Windows 系统服务软件。

四、实验原理

本实验通过对等网的组建学会网络常用命令的使用。对等网是指网络中所有计算机都处于平等的地位，没有主从之分，不存在谁管理谁、谁控制谁的问题。每台计算机都能为网络上的其他计算机提供共享资源。

假定每台 PC 在同一网段上，每台计算机管理本身的用户和资源，经过正确的权限设置，每台计算机之间都可以访问网络、共享资源和完成打印。由于每台计算机只是简单地连接，在网络中不存在核心服务器，因此这种网络不存在大量的网络管理。

五、实验步骤

1. PC-交换机-PC 组网

对等网组网结构如图 1-20 所示。

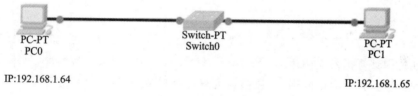

图 1-20　对等网组网

2. 对每台 PC 的 TCP/IP 属性进行设置

PC 的 TCP/IP 属性包括 IP 地址、子网掩码、默认网关、DNS 服务器等参数，设置样例如图 1-21 所示。

3. 用网络命令查看网络连通性

使用以下命令查看网络连通性。

● Ping：使用该命令验证配置、测试两台计算机之间的 IP 连接。Ping 从源计算机发送 ICMP（Internet Control Message Protocol，因特网控制报文协议）请求，目标计算机用一个 ICMP 回答作为回应。

● Tracert：使用该命令跟踪数据包到达目的地的路径。

● Nbtstat：使用该命令显示协议统计和当前 TCP/IP 连接。

● Ipconfig：使用该命令显示和更新当前 TCP/IP 配置，包括 IP 地址。

● Hostname：使用该命令显示计算机的名称。

● Arp：使用该命令显示和修改地址解析协议（ARP）缓存。

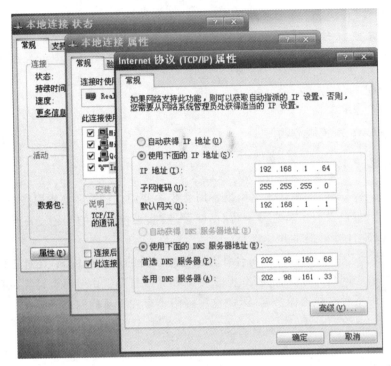

图 1-21　网络参数设置

1)Ping 命令

(1)Ping 命令的原理与作用。

Ping 命令是 TCP/IP 协议的一个部分,可以测试网络是否连通,辅助分析判断网络故障。通过向计算机发送 ICMP(Internet Control and Message Protocol)回应数据包并且监听回应数据包的返回时间,以校验与远程计算机或本地计算机的连接情况。对于每个发送报文,默认情况下发送 4 个回应数据包,每个数据包包含 32 个字节的数据。

可以通过"Ping 网站网址"得到该网站的 IP 地址,通过"Ping 网站 IP"得到该网站的域名。

(2)运行 Ping 命令的方法主要有以下几种。

● Windows 9x 中单击【开始】→【程序】→【MS-DOS 方式】命令。

● Windows 2000 及以上版本中单击【开始】→【程序】→【附件】→【命令提示符】命令。

● 在 Windows 下也可以单击【开始】→【运行】命令,在打开的对话框中输入 Ping 命令及相关参数即可。

(3)Ping 命令的使用及其参数。

Ping[-t][-a][-n count][-l length][-f][-i ttl][-v tos][-r count][-s count][[-j computer-list]|[-k computer-list]][-w timeout]destination-list

下面对各参数进行说明。

①Ping 不带参数。只显示与远程计算机或本地计算机的连接情况,默认向目标机发送 4 个报文。格式是 Ping 目标地址,如图 1-22 和图 1-23 所示。

图 1-22　不含参数的 Ping 命令 1

图 1-23　不含参数的 Ping 命令 2

图 1-22 所示的是通过 Ping 网址来反映其 IP 地址。图 1-23 所示的是直接使用 IP 地址对目标计算机进行 Ping 操作。

②-t。-t 的作用是向指定计算机不停地发送数据包，按 Ctrl＋Break 快捷键可以查看统计信息并继续运行，按 Ctrl＋C 快捷键可中止运行，如图 1-24 所示。

图 1-24　Ping 命令参数-t 的使用

③-a。-a 的作用是将地址解析为计算机名，即以 IP 的格式显示网络地址，如图 1-25 所示。

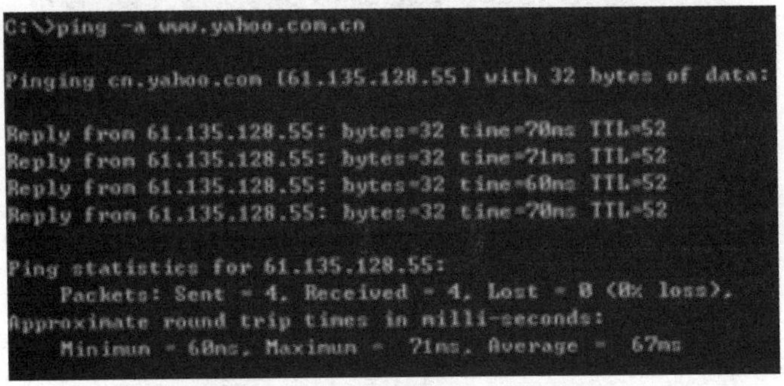

```
C:\>ping -a www.yahoo.com.cn

Pinging cn.yahoo.com [61.135.128.55] with 32 bytes of data:

Reply from 61.135.128.55: bytes=32 time=70ms TTL=52
Reply from 61.135.128.55: bytes=32 time=71ms TTL=52
Reply from 61.135.128.55: bytes=32 time=60ms TTL=52
Reply from 61.135.128.55: bytes=32 time=70ms TTL=52

Ping statistics for 61.135.128.55:
    Packets: Sent = 4, Received = 4, Lost = 0 (0% loss),
Approximate round trip times in milli-seconds:
    Minimum = 60ms, Maximum =  71ms, Average =  67ms
```

图 1-25　Ping 命令参数-a 的使用

④-n count。指发送 count 指定的 ECHO 数据包数，默认发送 4 次，其中 count 为正整数，如图 1-26 所示。

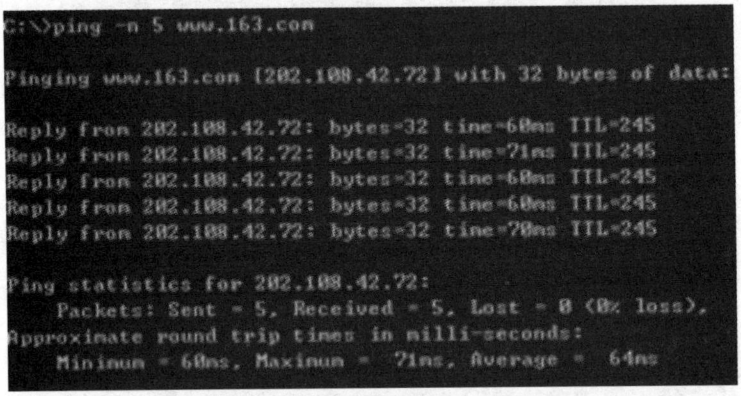

```
C:\>ping -n 5 www.163.com

Pinging www.163.com [202.108.42.72] with 32 bytes of data:

Reply from 202.108.42.72: bytes=32 time=60ms TTL=245
Reply from 202.108.42.72: bytes=32 time=71ms TTL=245
Reply from 202.108.42.72: bytes=32 time=60ms TTL=245
Reply from 202.108.42.72: bytes=32 time=60ms TTL=245
Reply from 202.108.42.72: bytes=32 time=70ms TTL=245

Ping statistics for 202.108.42.72:
    Packets: Sent = 5, Received = 5, Lost = 0 (0% loss),
Approximate round trip times in milli-seconds:
    Minimum = 60ms, Maximum =  71ms, Average =  64ms
```

图 1-26　Ping 命令参数-n count 的使用

⑤-l length。指发送由 length 指定大小的 ECHO 数据包，即指发送数据包的大小，默认为 32 字节，最大值是 65500，如图 1-27 所示。

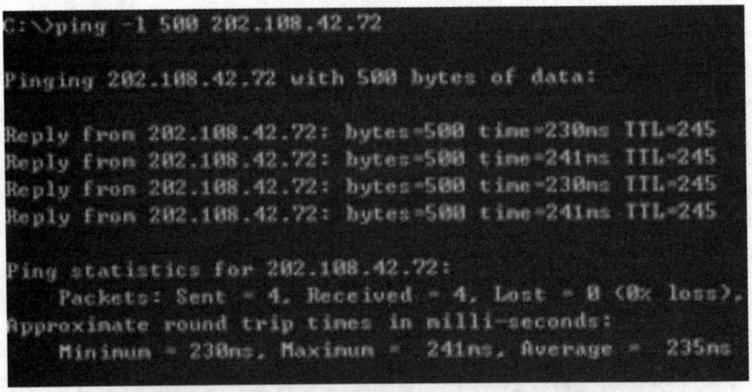

```
C:\>ping -l 500 202.108.42.72

Pinging 202.108.42.72 with 500 bytes of data:

Reply from 202.108.42.72: bytes=500 time=230ms TTL=245
Reply from 202.108.42.72: bytes=500 time=241ms TTL=245
Reply from 202.108.42.72: bytes=500 time=230ms TTL=245
Reply from 202.108.42.72: bytes=500 time=241ms TTL=245

Ping statistics for 202.108.42.72:
    Packets: Sent = 4, Received = 4, Lost = 0 (0% loss),
Approximate round trip times in milli-seconds:
    Minimum = 230ms, Maximum =  241ms, Average =  235ms
```

图 1-27　Ping 命令参数-l length 的使用

⑥-f。指在数据包中发送“不要分段”标志。使用-f，数据包就不会被路由上的网关分段，它是一种快速方式 Ping，如图 1-28 所示。

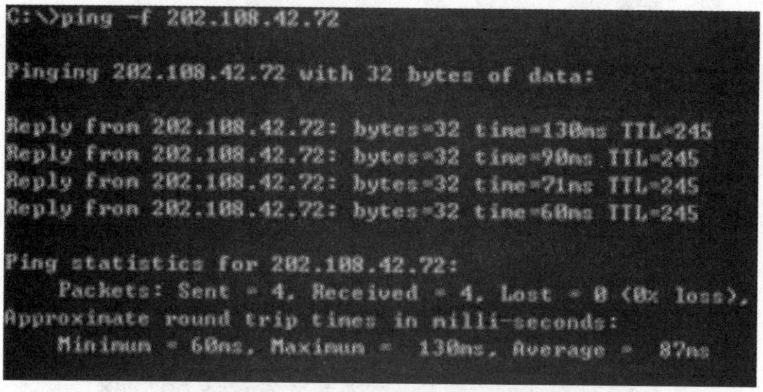

```
C:\>ping -f 202.108.42.72

Pinging 202.108.42.72 with 32 bytes of data:

Reply from 202.108.42.72: bytes=32 time=130ms TTL=245
Reply from 202.108.42.72: bytes=32 time=90ms TTL=245
Reply from 202.108.42.72: bytes=32 time=71ms TTL=245
Reply from 202.108.42.72: bytes=32 time=60ms TTL=245

Ping statistics for 202.108.42.72:
    Packets: Sent = 4, Received = 4, Lost = 0 (0% loss),
Approximate round trip times in milli-seconds:
    Minimum = 60ms, Maximum =  130ms, Average =  87ms
```

图 1-28　Ping 命令参数-f 的使用

⑦-i ttl。指定 Ping 分组时限域，ttl 是指在停止或到达的地址前应经过多少网关，如图 1-29 所示。

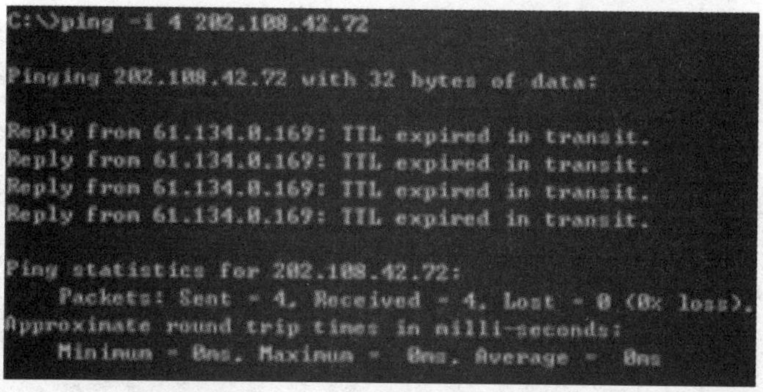

```
C:\>ping -i 4 202.108.42.72

Pinging 202.108.42.72 with 32 bytes of data:

Reply from 61.134.0.169: TTL expired in transit.
Reply from 61.134.0.169: TTL expired in transit.
Reply from 61.134.0.169: TTL expired in transit.
Reply from 61.134.0.169: TTL expired in transit.

Ping statistics for 202.108.42.72:
    Packets: Sent = 4, Received = 4, Lost = 0 (0% loss),
Approximate round trip times in milli-seconds:
    Minimum = 0ms, Maximum =  0ms, Average =  0ms
```

图 1-29　Ping 命令参数-i ttl 的使用

⑧-v tos。将服务类型字段设置为 tos 指定的值。

⑨-r count。在记录路由字段中记录输出和返回数据包的路由，即记录路由的去和回，count 的最小值为 1 最大值为 9，如图 1-30 所示。

⑩-s count。指定当使用-r 参数时用于每一轮路由的时间。

⑪-j computer-list。经过由 computer-list 指定的计算机列表的路由报文（松散的源路由），连续计算机可以被中间网关分隔。允许的 IP 最大地址数为 9。

⑫-k computer-list。经过由 computer-list 指定的计算机列表的路由报文（严格源路由），连续计算机不能被中间网关分隔。允许的 IP 最大地址数为 9。

⑬-w timeout。指定超时时间间隔，单位为 ms，默认为 1000，如图 1-31 所示。

2）Tracert 命令

Tracert 是测试报文从发送端到目的地所经过的路由的方法。它能够直观展现报文发送所经过的路径。该命令用 IP 生存时间（TTL）和 ICMP 错误消息来确定从一个主机到网络上其他主机的路由。当网络出现故障时，用户可以使用 Tracert 确定出现故障的

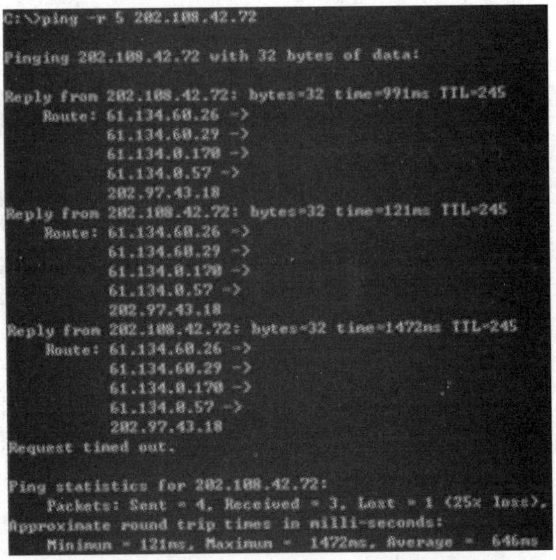

图 1-30　Ping 命令参数-r count 的使用

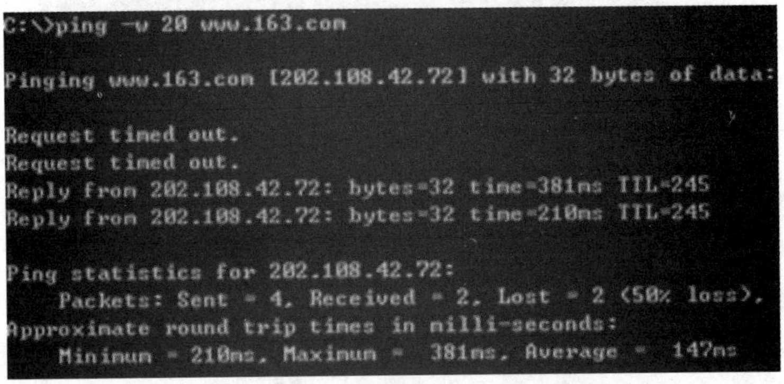

图 1-31　Ping 命令参数-w timeout 的使用

网络节点。

其工作过程如下。

①源端(SwitchA)向目的端发送一个 UDP 报文,TTL 值为 1。

②到达第一跳(SwitchB),SwitchB 收到源端发出的 UDP 报文后,判断出报文的目的 IP 地址不是本机 IP 地址,将 TTL 值减 1 后,判断出 TTL 值等于 0,则丢弃报文并向源端发送一个 ICMP 超时报文。

③源端收到 SwitchB 的 ICMP 超时报文后,即获得到 SwitchB 的地址并再次向目的端发送一个 UDP 报文,TTL 值为 2。

④第二跳(SwitchC)收到源端发出的 UDP 报文后,回应一个 ICMP 超时报文,这样源端就得到了 SwitchC 的地址,再次向目的端发送一个 UDP 报文,TTL 值为 2。

⑤以上过程不断进行,直到目的端收到源端发送的 UDP 报文后,判断出目的 IP 地址是本机 IP 地址,则处理此报文。根据报文中的目的 UDP 端口号寻找占用此端口号的上层协议,因目的端没有应用程序使用该 UDP 端口号,则向源端返回一个 ICMP 端口不可

达(Destination Unreachable)报文。

⑥源端收到 ICMP 端口不可达报文后,判断出 UDP 报文已经到达目的端,则停止 Tracert 程序,从而得到数据报文从源端到目的端所经历的路径。

Tracert 命令通过向目标计算机发送具有不同生存时间的 ICMP 数据包来确定目标计算机的路由,也就是用来跟踪一个消息从一台计算机到另一台计算机所走的路径。

该诊断实用程序将包含不同生存时间(TTL)值的 ICMP 回显数据包发送到目标,以决定到达目标采用的路由。在数据包经过的路径上,每经过一个路由器数据包的 TTL 值减 1,所以 TTL 是有效的跃点计数。数据包上的 TTL 到达 0 时,路由器应该将"ICMP 已超时"的消息发送回源系统。Tracert 先发送 TTL 为 1 的回显数据包,并在随后的每次发送过程中将 TTL 递增 1,直到目标响应或 TTL 达到最大值,从而确定路由。路由通过检查中继路由器发送回的"ICMP 已超时"的消息来确定路由。有些路由器会悄悄地下传包含过期 TTL 值的数据包,但 Tracert 看不到。

(2)Tracert 参数及使用。

Tracert[-d][-h maximum_hops][-j computer-list][-w timeout]target_name

如果不使用 Tracert 参数,将显示连接情况,如图 1-32 所示。

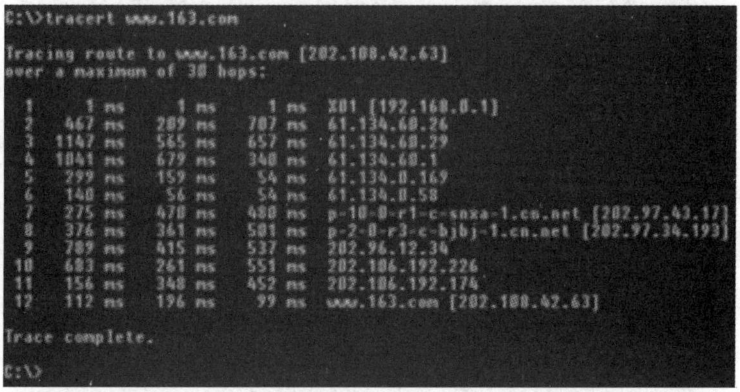

图 1-32　没有参数的 Tracert 命令

提示:图 1-32 显示的是从本地计算机到 www.163.com 这台服务器所经过的计算机。

下面对各参数进行说明。

①-d。不解析主机名,如图 1-33 所示。

②-h maximum_hops。指定搜索目标的最大跃点数,如图 1-34 所示。

③-j computer-list。指定沿 computer-list 的稀疏源路由。

④-w timeout。每次应答等待 timeout 指定的微秒数,如图 1-35 所示。

3)Nbtstat 命令

(1)Nbtstat 命令的原理与作用。

用于显示 IP、TCP、UDP 和 ICMP 协议相关的统计数据,一般用于检验本机各端口的网络连接情况。

(2)Nbtstat 命令的使用及其参数。

```
C:\>tracert -d www.163.com

Tracing route to www.163.com [202.108.42.64]
over a maximum of 30 hops:

  1   591 ms  1122 ms   741 ms  61.134.60.26
  2   651 ms  1753 ms  1522 ms  61.134.60.29
  3  1562 ms   951 ms  1402 ms  61.134.60.1
  4  1022 ms   771 ms   621 ms  61.134.0.169
  5  1232 ms  1462 ms  1863 ms  61.134.0.58
  6  1622 ms  1512 ms  1122 ms  202.97.43.17
  7   881 ms   882 ms   460 ms  202.97.34.193
  8   451 ms   861 ms  1001 ms  202.96.12.34
  9  1392 ms  1112 ms   991 ms  202.106.192.226
 10   401 ms  1192 ms  1933 ms  202.106.192.174
 11   761 ms   871 ms   931 ms  202.108.42.64

Trace complete.

C:\>
```

图 1-33　Tracert 命令参数-d 的使用

```
C:\>tracert -h www.163.com
Bad value for option -h.

C:\>tracert -h 5 www.163.com

Tracing route to www.163.com [202.108.42.64]
over a maximum of 5 hops:

  1   391 ms    70 ms   200 ms  61.134.60.26
  2   411 ms    50 ms   170 ms  61.134.60.29
  3   261 ms    80 ms   360 ms  61.134.60.1
  4   291 ms   170 ms    60 ms  61.134.0.169
  5   331 ms   170 ms    60 ms  61.134.0.58

Trace complete.

C:\>
```

图 1-34　Tracert 命令参数-h maximum_hops 的使用

```
C:\>tracert -w 10 www.163.com

Tracing route to www.163.com [202.108.42.64]
over a maximum of 30 hops:

  1    40 ms    50 ms     *     61.134.60.26
  2     *        *        *     Request timed out.
  3   190 ms   160 ms    50 ms  61.134.60.1
  4    51 ms    60 ms    50 ms  61.134.0.169
  5     *        *        *     Request timed out.
```

图 1-35　Tracert 命令参数-w timeout 的使用

nbtstat[-a remotename][-A IPaddress][-c][-n][-R][-r][-S][-s][interval]

下面对参数进行说明。

-a remotename：使用远程计算机显示所有已建立的有效连接，包括已建立的连接
（ESTABLISHED），也包括监听连接请求（LISTENING）的连接，断开连接（CLOSE_
WAIT）或者处于联机等待状态（TIME_WAIT）等，如图 1-36 所示。

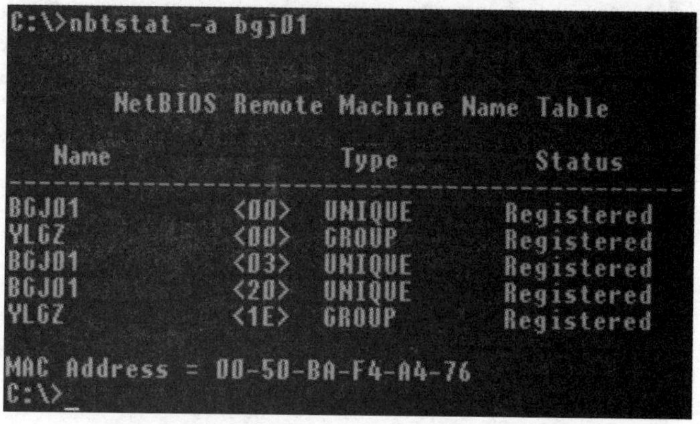

图 1-36　nbtstat 命令参数-a remotename 的使用

由上可知，计算机当前的 NetBIOS 名为 bgj01，属于 YLGZ 组或域，当前由 bgj01 登录的
计算机已全部显示出来。当然也可以将计算机名换为 IP，也就是 nbtstat-a 192.168.100.17，
效果与上面的一样。

4）Ipconfig 命令

用于显示系统的 TCP/IP 网络配置值，并刷新动态主机配置协议（DHCP）和域名系
统（DNS）设置。通常用来检验 TCP/IP 设置是否正确。

通过指定开关 all，屏幕将显示所有关于配置选项的信息。此时可以确定是否启用了
DHCP。如果 DHCP 启用参数为是，并显示了 DHCP 服务器的 IP 地址，标签
LeaseObtained 和 LeaseExpires 分别显示何时获得租借及何时到期的信息。

5）Hostname 命令

Hostname。在命令提示符下键入 hostname，系统将显示出计算机的名称。

6）ARP 命令

ARP 命令可显示与修改 IP 地址和物理地址之间的转换表，语法参考如下：

ARP-a [inet_addr] [-N if_addr]

ARP-d inet_addr [if_addr]

ARP-s inet_addr eth_addr [if_addr]

其中，-a 用于显示当前的 ARP 信息，可以指定网络地址，不指定显示所有的表项；-d
用于删除由 inet_addr 指定的主机，可以使用 * 来删除所有主机；-s 用于添加主机，并将网
络地址与物理地址相对应；eth_addr 表示物理地址；if_addr 表示网卡的 IP 地址；inet_
addr 代表指定的 IP 地址。

4. 创建用户、组并设置其权限

创建用户和组，如图 1-37 所示。

5. 实现网络共享

（1）在每一台独立的计算机上可创建共享文件夹，如将在 6PC1 上的 D：\\

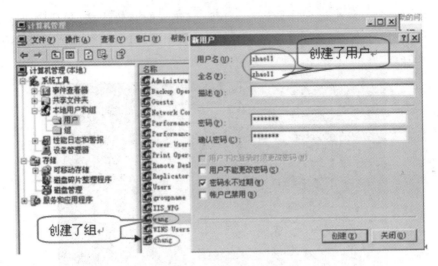

图 1-37　创建用户和组

Authouware 文件夹设为共享的方法如下：在计算机 6PC1 的 D 盘上选择文件夹（Authouware），右击打开属性对话框，选择共享，打开权限卡，添加用户并设置适当权限。这样就设置了组 zhang 及该文件夹的完全控制权（危险），如图 1-38 所示。

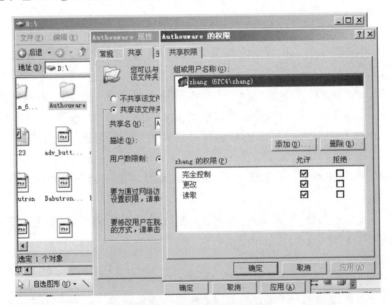

图 1-38　文件共享及权限设置

　　(2)在其他 PC(6PC4)的"网上邻居"上打开"整个网络"，双击"Workgroup"，选择自己想看资料所在的计算机(6PC1)，双击所需文件夹即可。

　　(3)有些计算机没有 Workgroup，可在 PC 的命令提示符下通过 IP 查找和共享。

六、小结

　　写出实验操作结果，并分析其现象和结果。

七、思考与练习

(1)在不同的 PC 上进一步练习上述网络命令,并写出测试结果。

(2)用不同的用户名实现登录,并观察不同的 Windows 窗口,对比记录结果。

实验四　网络仿真工具(Cisco Packet Tracer)的使用

一、实验目的

(1)认识常用的网络仿真工具,如 Cisco 公司的 Packet Tracer,华为公司的 eNSP、H3C Cloud Lab 等;

(2)熟悉 Packet Tracer 网络仿真工具;

(3)学会用 Packet Tracer 工具完成网络设计、配置与测试。

二、实验内容

(1)学习 Packet Tracer 软件的使用;

(2)学会用 Packet Tracer 完成网络拓扑的构建;

(3)利用 Packet Tracer 掌握交换机和路由器的各种配置方式,代理服务器的配置方式,网络的测试、监听与故障检测等。

三、实验仪器及环境

(1)PC 1 台;

(2)Packet Tracer 软件。

四、实验原理

Packet Tracer 是 Cisco 公司为思科网络技术学院开发的一款模拟软件,提供了可视化、可交互的用户图形界面,可模拟各种网络设备及其网络处理过程,使得实验过程更加直观、灵活、方便。作为一款辅助学习工具,它为学习思科网络课程的初学者设计、配置、排除网络故障提供了网络模拟环境。用户可以在软件的图形用户界面上直接使用拖曳方法建立网络拓扑,并可提供数据包在网络中传输的详细处理过程,从而观察网络实时运行情况。

五、实验步骤

1. 安装软件

Packet Tracer 7.0 的安装非常方便,在安装向导的帮助下即可完成 Packet Tracer 7.0 的安装,如图 1-39～图 1-41 所示。

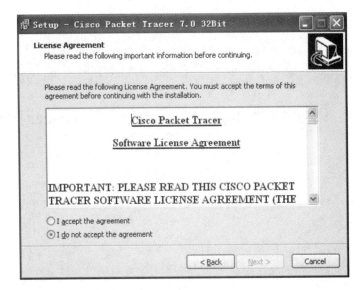

图 1-39 安装过程 1

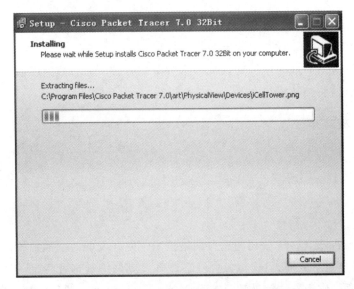

图 1-40 安装过程 2

图 1-41 "开始"菜单安装文件

2. 添加 Cisco 公司的网络设备及计算机构建网络

Packet Tracer 7.0 的界面非常简洁(见图 1-42),工作区上方是菜单栏和工具栏,工作区下方是网络设备、计算机、连接栏,工作区右侧为选择、删除设备工具栏。

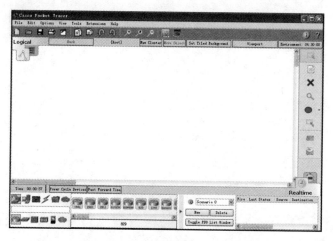

图 1-42　Packet Tracer 7.0 的界面

在设备工具栏内先找到要添加设备的类别(见图 1-43),然后从该类别的设备中寻找自己想要的设备。在操作中,可先选择交换机,然后选择具体型号的思科交换机,如图 1-44~图 1-49 所示。

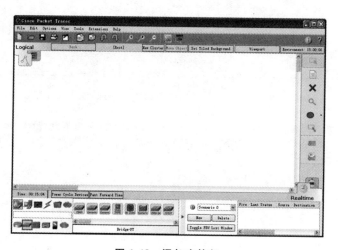

图 1-43　添加交换机

Packet Tracer 7.0 有很多连接线,每种连接线代表一种连接方式,如有控制台连接、双绞线交叉连接、双绞线直连连接、光纤连接、串行 DCE 连接及串行 DTE 连接等。如果不能确定应该使用哪种连接方式,则可以使用自动连接,让软件自动选择相应的连接方式,如图 1-50~图 1-55 所示。

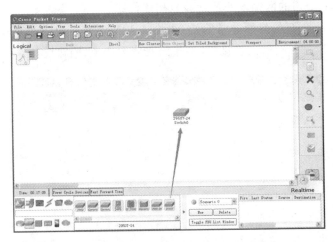

图 1-44　拖动选择好的交换机到工作区

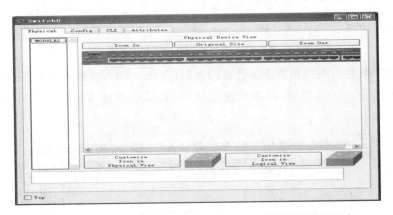

图 1-45　单击设备,查看设备的前面板、具有的模块及配置设备

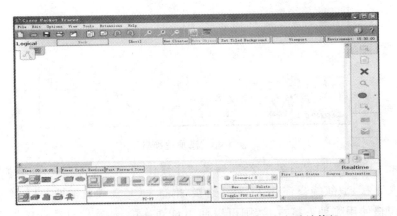

图 1-46　添加计算机:Packet Tracer 7.0 中有多种计算机

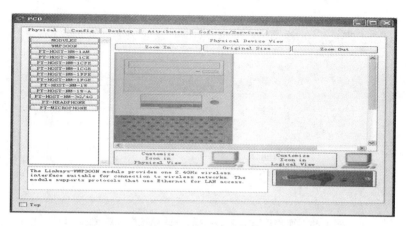

图 1-47　查看计算机并给计算机添加功能模块

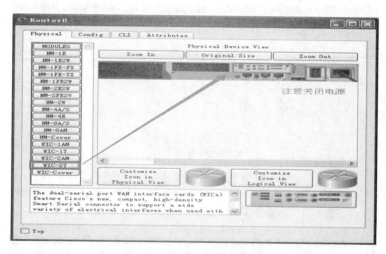

图 1-48　给路由器添加模块

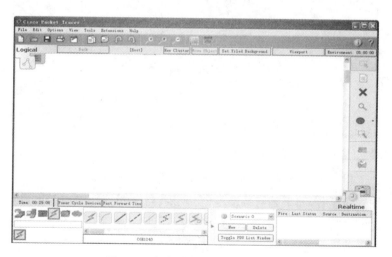

图 1-49　添加连接线连接各个设备

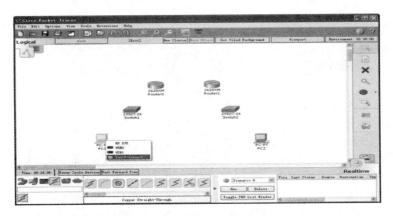

图 1-50　连接计算机与交换机,选择计算机要连接的接口

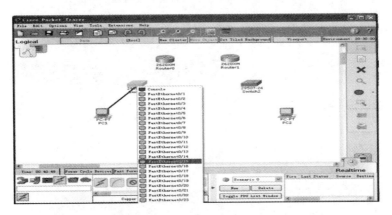

图 1-51　连接计算机与交换机,选择交换机要连接的接口

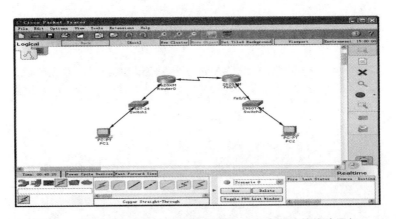

图 1-52　图中的红色表示连接线路不通,绿色表示连接线路通畅

单击要配置的设备,如果是网络设备(交换机、路由器等),则在弹出的对话框中切换到"Config"或"CLI",并在图形界面或命令行界面对网络设备进行配置,如图 1-56、图 1-57 所示。在图形界面下配置网络设备,下方会显示对应的 iOS 命令,如图 1-58 所示。

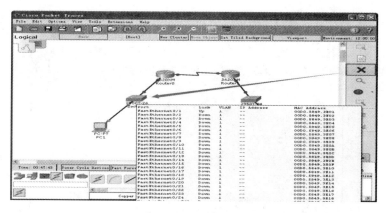

图 1-53　删除连接及设备

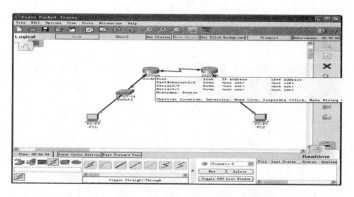

图 1-54　把鼠标放在拓扑图中的设备上会显示当前设备的信息

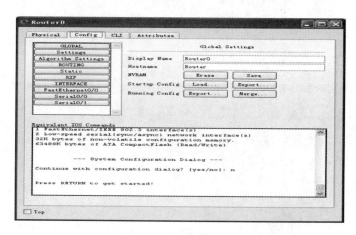

图 1-55　网络配置设备

Packet Tracer 7.0 还可以模拟计算机 RS232 接口与思科网络设备 Console 接口的连接,用终端软件对网络设备进行配置,分别如图 1-59～图 1-62 所示。

Packet Tracer 7.0 将网络环境搭建好了,接下来就可以模拟真实的网络环境进行配置了,具体怎么样构建网络环境,要根据网络需求进行部署。

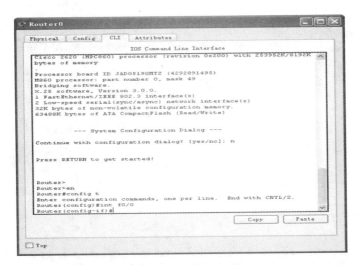

图 1-56　CLI 命令行配置

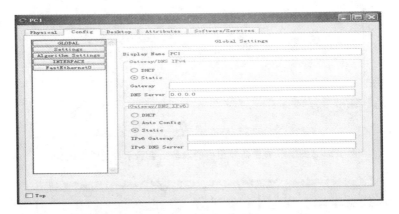

图 1-57　计算机的配置

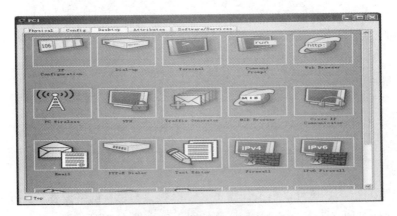

图 1-58　计算机中的程序

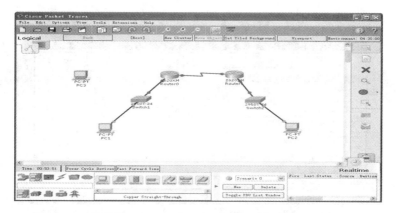

图 1-59　添加计算机与交换机的控制台连接,选择"Console"连接线

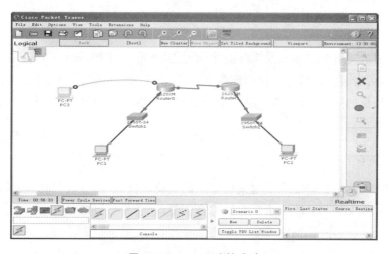

图 1-60　Console 连接成功

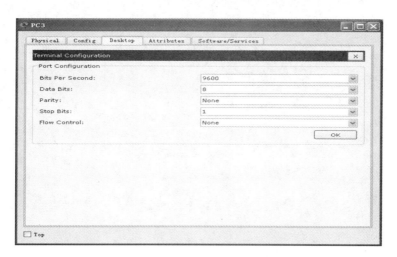

图 1-61　计算机以终端方式连接到网络设备进行配置

图 1-62　配置环境

六、小结

在有一定的网络基础知识及实际操作能力之后,可学习 Packet Tracer 软件。结合后续实验要求,可提前在该软件上做预演和学习,有助于实验的进行。对于要考网络工程师等网络相关认证的同学来说,这更是一个很好的训练机会。因此,要求熟练掌握该工具的使用。

七、思考与练习

(1)利用 Packet Tracer 完成之前已完成的实验,进一步熟悉该工具的使用。
(2)利用 Packet Tracer 完成服务器综合实验,进一步掌握该工具的使用。

第 2 章　交换技术实验

本章主要介绍计算机网络中的交换技术,通过本章的学习,掌握交换机的常用配置命令、本地访问方式及远程访问方式等内容。本章主要完成局域网的组建,其中重点是介绍虚拟局域网 VLAN 技术,通过一系列实验,掌握虚拟局域网技术原理、应用范围、配置方法和过程等。实验六实现虚拟局域网 VLAN 的构建与配置,实验七和实验八通过三层交换机或路由器两种不同的方式实现 VLAN 间通信,实验九提供快速生成树配置参考。通过本章的学习,能比较全面地掌握交换机系列配置及各类交换技术。

实验五　交换机的认识和基本配置

一、实验目的

(1)了解多种品牌及多种系列的交换机,如 Cisco、H3C、锐捷(本实验将以锐捷系列交换机为例);

(2)熟悉多种交换机的基本命令;

(3)掌握交换机的各种参数配置、IP 地址配置等;

(4)掌握交换机的本地管理、远程管理方法;

(5)通过对交换机的管理配置,掌握网络工作原理及相关技术,同时熟练掌握网络管理的基本技能,为高级网络管理应用打下良好基础。

二、实验内容

(1)基于物理控制线的连接及基本配置;

(2)基于 Telnet 的远程登录配置;

(3)对交换机进行命令配置,熟悉交换机常用命令。

三、实验仪器及环境

(1)交换机 1 台;

(2)PC 1～2 台;

(3)专用 RS232 控制台电缆 1 根。

四、实验原理

见第 1 章的实验一。

五、实验步骤

1. 交换机与 PC 的连接

(1)硬件连接:将 RS232 电缆连接线一头 RJ45 插入交换机 Console 口,另一头

RS232 串口接头插入计算机 COM1/COM2 口。

(2)软件连接:启动 Hypertrm 超级终端程序或 Secure CRT(分别如图 2-1 与图 2-2 所示),建立与交换机的连接名(即建立与交换机连接的文件),输入配置参数串口号、通信速率(9600)等即可与交换机通信。

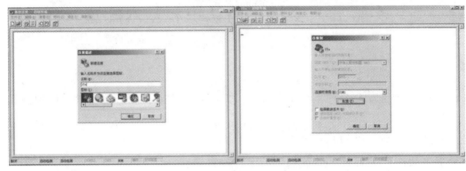

图 2-1　利用超级终端连接交换机的过程

2. Ruijie 交换机配置实例

用户模式　switch>

(1)进入特权模式　enable

```
switch> enable
switch#
```

(2)进入全局配置模式　configure terminal

```
switch> enable
switch#configure terminal
switch(conf)#
```

(3)交换机命名 hostname 15a　以 15a 为例

```
switch> enable
```

图 2-2　利用 Secure CRT 连接交换机的过程

```
switch#configure terminal
switch(conf)#hostname 15a
15a(conf)#
```

(4)配置使能口令(特权模式密码)　enable password cisco　以 cisco 为例

```
switch> enable
switch#configure terminal
switch(conf)#hostname 15a
15a(conf)#enable password cisco
```

(5)配置使能密码(加密状态)　enable secret ciscolab　以 cicsolab 为例

```
switch> enable
switch#configure terminal
switch(conf)#hostname 15a
15a(conf)#enable secret ciscolab
```

(6)设置虚拟局域网 vlan 1　interface vlan 1

```
switch> enable
switch#configure terminal
switch(conf)#hostname 15a
15a(conf)#interface vlan 1
15a(conf-if)#ip address 192.168.1.2 255.255.255.0   //配置交换机虚拟接口 IP 地址
                                                         和子网掩码
15a(conf-if)#no shut   //使配置处于运行中(启动配置)
15a(conf-if)#exit
15a(conf)#ip default-network(default-gateway) 192.168.1.254   设置网关地址
```

(7)进入交换机某一端口 interface fastethernet 0/17　以 17 端口为例

```
switch> enable
switch#configure terminal
switch(conf)#hostname 15a
15a(conf)#interface fastethernet 0/17
```

15a(conf- if)#

(8)查看命令 show

switch> enable

switch#show version //查看系统中的所有版本信息

switch#show interface vlan 1 //查看与交换机有关的 IP 的配置信息

switch#show running- configure(show run) //查看交换机当前起作用的配置信息

switch#show interface fastethernet 0/1 //查看交换机 1 接口的具体配置和统计信息

switch#show mac- address- table //查看 mac 地址表

switch#show mac- address- table aging- time //查看 MAC 地址表自动老化时间

(9)交换机恢复出厂默认恢复命令:

switch> enable

switch#erase startup- configure

switch#reload

(10)双工模式设置:

switch> enable

switch#configure terminal

switch(conf)#hostname 15a

15a(conf)#interface fastehernet 0/17 //以 17 端口为例

15a(conf-if)#duplex full/half/auto //有 full、half、auto 三个可选项

(11)cdp 相关命令:

switch> enable

switch#show cdp //查看设备的 cdp 全局配置信息

switch#show cdp interface fastethernet 0/17 //查看 17 端口的 cdp 配置信息

switch#show cdp traffic //查看有关 cdp 包的统计信息

switch#show cdp nerghbors //列出与设备相连的 cisco 设备

(12)交换机密码恢复:

拔下交换机电源线;

用手按住交换机的 MODE 键,插上电源线;

在 switch:后执行 flash_ini 命令:switch: flash_ini

查看 flash 中的文件:switch: dir flash:

将"config.text"文件名修改为"config.old": switch: rename flash: config.text flash: config.old

执行 boot: switch: boot

待交换机重启完毕后,重新进入交换机看到提示"Continue with configuration dialog? [yes/no]:n"(是否进入配置;执行"no")

进入特权模式查看 flash 里的文件:show flash :

将"config.old"文件名修改为"config.text":switch: rename flash: config.old flash: config.text

将"config.text"拷入系统的"running-configure":copy flash: config.text system : running-configure

将配置模式重新设置为密码存盘,密码恢复成功。

（13）交换机 telnet 远程登录设置：

```
switch>en
switch#configure terminal
switch(conf)#hostname 15a
15a(conf)#enable password cisco   //以 cisco 为特权模式密码
15a(conf)#interface vlan 1   //进入 vlan 1
15a(conf-if)#ip address 192.168.1.2 255.255.255.0   //设置虚拟接口 IP 地址和子码掩码
15a(conf-if)#no shut
15a(conf-if)#exit
15a(conf)line vty 0 4   //设置 0~4 个用户可以 telnet 远程登录
15a(conf-line)#login
15a(conf-line)#password edge   //以 edge 为远程登录的用户密码
```

（14）主机设置：

```
ip        192.168.1.1       //主机的 ip 必须和交换机虚拟接口的地址在同一网络段
netmask   255.255.255.0     //子网掩码
gate-way  192.168.1.2       //网关地址是交换机虚拟接口地址
```

（15）运行：

telnet 192.168.1.2，进入 telnet 远程登录界面，如图 2-3、图 2-4 所示。

```
password：edge
15a>en
password: cisco
15a#
```

图 2-3　telnet 远程登录 1

六、小结

本实验是交换路由方面的第一个实验。首先，学习时要转化思维；其次，要以本次实

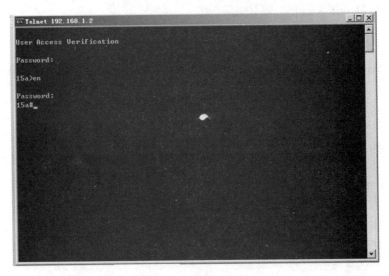

图 2-4　telnet 远程登录 2

验为基础,多熟悉和掌握交换机配置的相关命令,为后续实验奠定基础。

七、思考与练习

(1)交换机在网络中的作用是什么?

(2)交换机的品牌、种类及系列有哪些?

(3)交换机有哪些配置模式及其相关模式进入命令?

(4)交换机的连接方式有哪些?

(5)交换机的主要配置命令有哪些?

实验六　VLAN 配置

一、实验目的

(1)掌握 VLAN 的原理与作用;

(2)掌握 VLAN 的基本配置;

(3)掌握 VLAN 的级联配置;

(4)进一步理解交换机的工作原理。

二、实验内容

(1)VLAN 建立;

(2)端口划分;

(3)主干道(trunk)配置;

(4)通过交换机基本配置命令实现 VLAN 的配置。

三、实验仪器及环境

(1)交换机 2 台；

(2)PC 4 台；

(3)双绞线、控制线若干。

四、实验原理

VLAN(Virtual Local Area Network,虚拟局域网)是指在一个物理网段内,逻辑划分成若干个虚拟局域网。VLAN 的最大特点是不受物理位置的限制,可以进行灵活的划分。VLAN 具备物理网段所具备的特点。相同 VLAN 的主机之间可以互相直接访问,不同 VLAN 的主机之间的互相访问必须经由路由设备进行转发。广播数据包只可以在本 VLAN 内进行传播,不能传输到其他 VLAN 中。VLAN 可以基于端口划分、基于MAC 地址划分或基于 IP 地址划分。基于端口的划分是实现 VLAN 的方式之一,也是最常用的一种划分,它利用交换机的端口进行 VLAN 的划分,一个端口只能属于一个VLAN。

单交换机 VLAN 配置实验拓扑结构如图 2-5 所示,双交换机 VLAN 配置实验拓扑结构如图 2-6 所示。

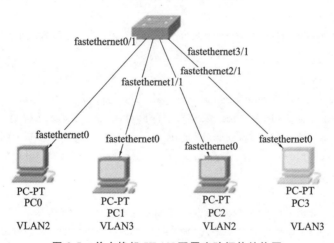

图 2-5 单交换机 VLAN 配置实验拓扑结构图

五、实验步骤

在完成 VLAN 的相关配置后,要求同一 VLAN 内的 PC 可以互通,不同 VLAN 间的PC 不能互通。首先按照上图连接各实验设备,然后配置 PC0 的 IP 为 192.168.2.1,PC1 的IP 为 192.168.3.1,PC2 的 IP 为 192.168.2.2,PC3 的 IP 为 192.168.3.2。具体配置如下。

1. 建立 VLAN

命令如下：

```
Switch>en
Switch#conf t
```

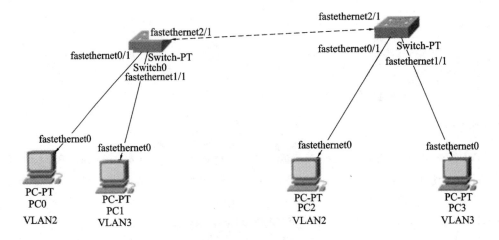

图 2-6　双(多)交换机 VLAN 配置实验拓扑结构图

```
Enter configuration commands, one per line. End with CNTL/Z.
Switch(config)#vlan 2              //建立 VLAN 2
Switch(config-vlan)#name cwb      //命名 VLAN 2 为 cwb
Switch(config-vlan)#vlan 3         //建立 VLAN 3
Switch(config-vlan)#name rsb      //命名 VLAN 3 为 rsb
```

2. 端口的划分

当配置交换机端口属于特定 VLAN 时,有两种方法:一种是在 VLAN 配置模式下进行,一种是在端口配置模式下进行。

```
Switch#conf t
Enter configuration commands, one per line. End with CNTL/Z.
Switch(config)#interface fastethernet0/1        //进入端口 fastethernet0/1
Switch(config-if)#switchport mode access        //进入端口分配模式
Switch(config-if)#switchport access vlan 2       //将端口分配给 vlan 2
Switch(config-if)#no shut                         //启动端口 fastethernet0/1
Switch(config-if)#exit
Switch(config)#interface fastethernet1/1        //进入端口 fastethernet0/2
Switch(config-if)#switchport mode access        //进入端口分配模式
Switch(config-if)#switchport access vlan 3       //将端口分配给 vlan 3
Switch(config-if)#no shut                         //启动端口 fastethernet0/2
Switch(config-if)#
Switch#
```

注:更多端口划分配置与此类同。

3. 配置交换机之间的链路

配置交换机之间的链路为 trunk,连接两个交换机的端口为 trunk 端口,并且允许所有 VLAN 通过。

命令如下:

```
Switch#conf t
```

```
Switch(config)#interface fastethernet2/1    //进入端口 fastethernet2/1
Switch(config-if)#switchport mode trunk      //进入主干道配置模式
Switch(config-if)#
Switch(config-if)#switchport trunk allowed vlan all    //允许所有虚网通过
Switch(config-if)#no shut                     //启动端口
Switch(config-if)#
Switch#
```

　　配置完成后,可以看到同一 VLAN 内部的 PC 可以互相访问,不同 VLAN 间的 PC 不能够互相访问。

　　若 trunk(主干道)上只允许部分虚拟网络通过,如本例中只允许 vlan 2 通过,则可以配置如下:

```
Switch(config)#interface fastethernet2/1    //进入端口 fastethernet 2/1
Switch(config-if)#switchport mode trunk      //进入主干道配置模式
Switch(config-if)#
Switch(config-if)#switchport trunk allowed vlan 2    //允许虚拟网络 2 通过
Switch(config-if)#no shut                     //启动端口
Switch(config-if)#
Switch#
```

　　也可以使用 add、remove、except 等命令实现某个或部分虚拟网络是否通过与否,实验者可一一尝试不同的命令并查看其效果。

　　(注:多台交换机下,每台交换机的配置类同,可参看上述配置过程。)

六、小结

　　通过本实验掌握在交换机上进行 VLAN 配置的基本方法,比较容易出错的地方主要有以下两方面:

　　(1)端口的启动;

　　(2)交换机级联情况下,多交换机的配置。

七、思考与练习

　　(1)如果是多台交换机的连接并进行虚网划分,是否需要在每一台交换机上都创建相应虚网?

　　(2)如果介入用户的交换机配置了许多 VLAN,是否需要在第一台交换机上都创建这些 VLAN?

　　(3)课外在模拟器 Packet Tracer 上多练习,熟练掌握 VLAN 配置操作过程。

实验七　通过三层交换机实现 VLAN 间路由

一、实验目的

(1)进一步掌握 VLAN 的原理与功能；

(2)进一步掌握 VLAN 的配置过程；

(3)掌握如何通过三层交换机实现 VLAN 间路由。

二、实验内容

(1)二层交换机上 VLAN 的建立、划分与配置；

(2)使用三层交换机建立虚网；

(3)设置虚网的虚拟接口；

(4)启动路由功能；

(5)通过三层交换机实现 VLAN 间路由。

三、实验仪器及环境

(1)二层交换机 2 台；

(2)三层交换机 1 台；

(3)PC 4 台；

(4)双绞线、控制线若干。

四、实验原理

虚拟局域网(Virtual Local Area Network,VLAN)是指在一个物理网段内进行逻辑的划分,划分成若干个虚拟局域网。划分虚拟局域网后,相同 VLAN 内的主机可以互相直接访问,不同 VLAN 间的主机之间互相访问必须经由路由设备进行转发。广播数据包只可以在本 VLAN 内进行传播,不能传输到其他 VLAN 中。

如果 VLAN 间需要通信,则需要通过三层交换机或路由器实现其路由功能。其主要目的是使在同一 VLAN 里的计算机系统能跨交换机进行相互通信,而在不同 VLAN 里的计算机系统也能进行相互通信。

实验拓扑结构如图 2-7 所示。

五、实验步骤

(1)在二层交换上建立 VLAN2、VLAN3；

(2)将 PC 根据要求划分到指定的 VLAN；

(3)将中继链路的接口设置为 trunk 模式；

(4)测试全网互访:发现相同的 VLAN 可以通信,不同的 VLAN 不能通信；

(5)开启路由功能；

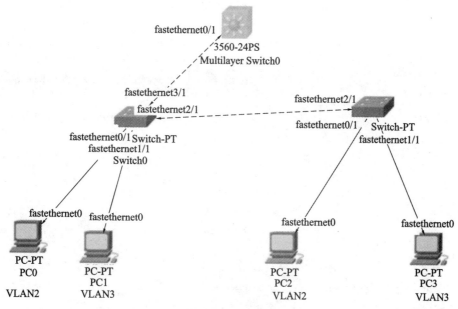

图 2-7　网络拓扑图

(6)开启三层交换 SVI 虚拟接口,配置各 VLAN 的虚拟接口(网关地址);

(7)测试实验结果:所有 PC 都能通信,即不同的 VLAN 能相互通信。

具体配置过程及关键命令如下。

(1)实现普通交换的功能,相同的 VLAN 可以通信,不同的 VLAN 不能通信。

二层交换机配置命令如下:

```
Switch>en
Switch# conf t
Switch(config)# hostname YLY1   ∥修改交换机名
YLY1(config-if)#vlan 2   ∥建立 vlan 2
YLY1(config-if)#vlan 3   ∥建立 vlan 3
YLY1(config)#int fastethernet0/1
YLY1(config-if)#switchport mode access
YLY1(config-if)#switchport access vlan 2   ∥把交换机 f0/1 接口划分到 VLAN10
% Access VLAN does not exist. Creating vlan 2

YLY1(config-if)#int fastethernet1/1
YLY1(config-if)#switchport mode access
YLY1(config-if)#switchport access vlan 3   ∥把交换机 fastethernet0/2 接口划分
到 VLAN20
% Access VLAN does not exist. Creating vlan 3

YLY1# sh vlan                    ∥查看 VLAN 信息
VLAN Name                 Status    Ports
--------------------------------------------------------------------------
```

1 default active	fastethernet0/3, fastethernet0/4, fastethernet0/5,

astethernet 0/6

fastethernet0/7, fastethernet0/8, fastethernet0/9,

fastethernet0/10

fastethernet0/11, fastethernet0/12, fastethernet0/13,

fastethernet0/14

fastethernet0/15, fastethernet0/16, fastethernet0/17,

fastethernet0/18

fastethernet0/19, fastethernet0/20, fastethernet0/21,

fastethernet0/22

fastethernet0/23, fastethernet0/24

```
2    VLAN002    activef      astethernet0/1
3    VLAN003    activef      astethernet0/2
1002 fddi-default            act/unsup
1003 token-ring-default      act/unsup
1004 fddinet-default         act/unsup
1005 trnet-default           act/unsup
```

```
YLY1 (config)#int fastethernet2/1
YLY1 (config-if)#switchport mode trunk    //把接口作为中继
```
第二个二层交换机与第一个类同,主要配置命令如下:
```
Switch(config)#hostname YLY2    //修改三层交换机名
YLY2 (config-if)#vlan 2    //建立 VLAN2
YLY2 (config-if)#vlan 3    //建立 VLAN3
YLY2 (config)#int f a 0/1
YLY2 (config-if)#switchport mode access
YLY2 (config-if)#switchport access vlan 2    //把交换机 fastethernet0/1 接口划分
到 VLAN10
YLY2 (config-if)#int f a 1/1
YLY2 (config-if)#switchport mode access
YLY2 (config-if)#switchport access vlan 3    //把交换机 fastethernet0/2 接口划分
到 VLAN20
YLY2 (config-if)#exit
```

```
YLY2 (config)#int fastethernet2/1
CopyCopyS2(config-if)#switchport mode trunk    //把接口作为中继
```
目前可以实现:相同的 VLAN 通信,不同的 VLAN 不通信。实验测试结果如图 2-8
所示。

(2)开启三层交换机的路由功能,实现不同的 VLAN 也能通信。

二层交换机 VLAN 配置地址,称为远程管理 IP。一个二层交换机只能有一个处于
up 状态的 VLAN 管理 IP。三层交换机 VLAN 配置地址,称为三层 SVI 虚拟接口地址,
用于不同 VLAN 之间的相互访问,可实现路由功能。

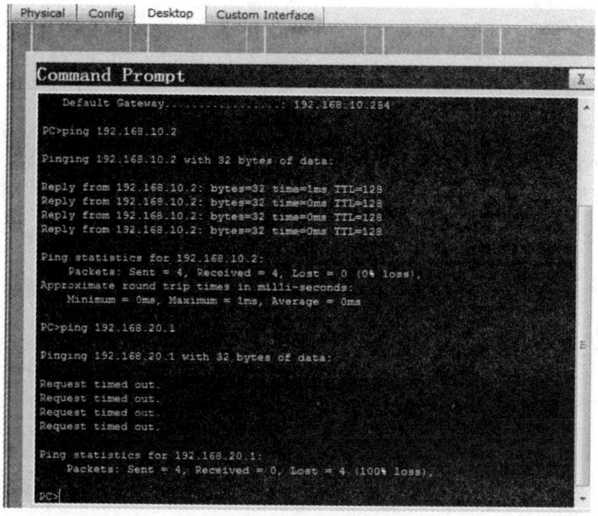

图 2-8　实验测试结果

方法:三层交换机启用 SVI 虚拟接口,配置 IP 地址,作为 VLAN 内 PC 的网关地址,实现 VLAN 互访,这是启用三层交换机的路由功能。三层交换机配置的主要命令如下:

```
Switch(config)#hostname YLY3    //修改三层交换机名
YLY2 (config-if)#vlan 2    //建立 VLAN2
YLY2 (config-if)#vlan 3    //建立 VLAN3
YLY2 (config-if)#exit
YLY3 (config)#int fastethernet3/1
YLY3 (config-if)#switchport mode trunk
        //一般情况下,三层交换机的端口已自动配置为"trunk"模式,不需要再次开启
YLY3(config-if)#switchport trunk encapsulation dot1q
        //一般情况下,此命令可不执行,因为默认为 dot1q 封装
YLY3(config)#ip routing    //启用三层交换机的路由功能
YLY3(config)#int vlan 2
YLY3 (config-if)#ip address 192.168.10.254  255.255.255.0    //设置 VLAN2 虚拟接
口(网关)地址
YLY3 (config-if)#no shutdown    //启用 SVI 虚拟接口
YLY3 (config-if)#exit

YLY3 (config)#int vlan 3
YLY3 (config-if)#ip address 192.168.20.254  255.255.255.0    //设置 VLAN3 虚拟接
口(网关)地址
YLY3 (config-if)#no shutdown    //启用 SVI 虚拟接口
YLY3 (config-if)#exit
```

(3)测试实验结果。

所有 PC 都能通信,即不同的 VLAN 能相互通信。实验测试结果如图 2-9 所示。

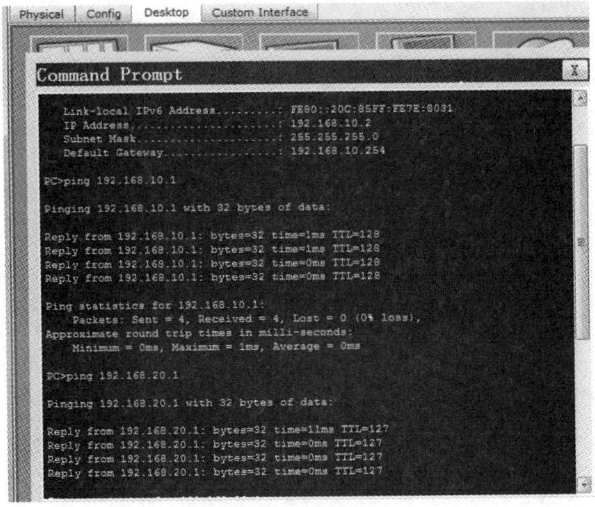

图 2-9　测试结果

六、小结

本实验是在实验六的基础上进行的一个拓展性实验。通过本实验可加深对 VLAN 技术的理解。

比较容易出错的地方有以下两方面。

(1)对路由功能的理解及开启路由；

(2)三层交换机与二层交换机的接口处 trunk 模式的设置。

七、思考与练习

(1)如何实现 VLAN 间的路由？

(2)如何开启路由功能？

(3)在模拟器 Packet Tracer 上再次练习本实验，达到熟练掌握。

(4)拓展练习：基于路由器，实现 VLAN 间的路由与通信。（单臂路由）

实验八　利用单臂路由实现 VLAN 间通信

一、实验目的

(1)了解路由器配置的基本原理；

(2)掌握 VLAN 间单臂路由的配置；

(3)掌握路由器子接口的基本命令配置。

二、实验内容

(1)二层交换机上 VLAN 的配置；

（2）路由器子接口的划分；

（3）子接口 802.1Q 协议封装；

（4）利用单臂路由实现 VLAN 间的通信。

三、实验仪器及环境

（1）路由器 1 台；

（2）交换机 1～2 台；

（3）PC 2～4 台；

（4）网络连接线若干（双绞线、控制线）。

四、实验原理

VLAN 能有效分割局域网，实现各网络区域之间的访问控制。现实中，往往需要配置某些 VLAN 之间的互联互通。比如，某公司划分为领导层、销售部、财务部、人力资源部、科技部、审计部，为不同的部门配置不同的 VLAN，使部门之间不能相互访问，可有效保证各部门的信息安全。但是，领导层需要跨越 VLAN 访问其他各部门，这个功能就由单臂路由来实现。

单臂路由（router-on-a-stick）是指在路由器的一个接口上通过配置子接口（或"逻辑接口"，并不存在真正的物理接口）的方式，实现原来相互隔离的不同 VLAN 之间的互联互通。通过单臂路由的学习，能够深入了解 VLAN（虚拟局域网）的划分、封装和通信原理，理解路由器子接口、ISL 协议和 802.1Q 协议。

五、实验步骤

1. 构建单臂路由网络拓扑结构

构建单臂路由网络拓扑结构如图 2-10 所示。

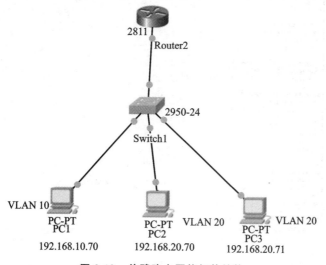

图 2-10　单臂路由网络拓扑结构

2. 实验规划

实验端口及 IP 规划如表 2-1 所示。

表 2-1 实验端口及 IP 规划

路由器 R2811	端口 IP 地址	vlan	端口规划
	f0/0.1:192.168.10.254	vlan 10	R f0/0 <>SW f0/5
	f0/0.2:192.168.20.254	vlan 20	
交换机 SW	f0/4:trunk		
	f0/1 vlan 10		f0/1 <> PC1
	f0/2 vlan 20		f0/2 <> PC2
	f0/3 vlan 20		f0/3 <> PC3
PC1	192.168.10.70	vlan 10	网关:192.168.10.254
PC2	192.168.20.70	vlan 20	网关:192.168.20.254
PC3	192.168.20.71	vlan 20	网关:192.168.20.254

说明:f0/0.1 和 f0/0.2 分别为 f0/0 的两个子接口。

3. 配置各局域网

配置 PC1、PC2、PC3 的 IP 地址、网关和子网掩码。

4. 配置路由器的以太网端口

配置路由器的以太网接口(子接口)的 IP 地址和子网掩码。

5. 配置路由器

Router2811 的配置命令如图 2-11 所示。

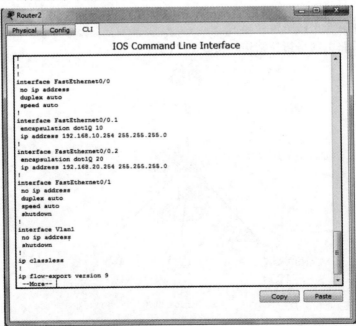

图 2-11 Router2811 的配置命令

6. 配置交换机

交换机 Switch 的配置命令如图 2-12 所示。

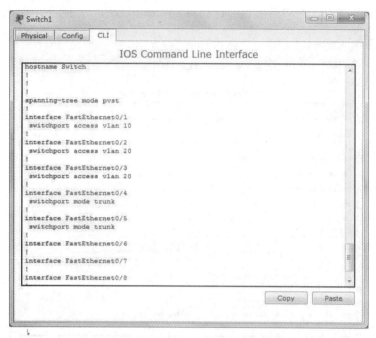

图 2-12　交换机 Switch 的配置命令

7. 测试验证

在 PC1 上执行两次 Ping 命令对 PC2、PC3 进行连通性检测验证,结果如图 2-13 所示。

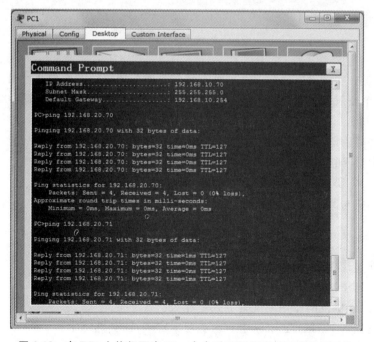

图 2-13　在 PC1 上执行两次 Ping 命令对 PC2 进行连通性检测验证

以上结果说明 PC1、PC2、PC3 之间能正常通信,路由器 Router1 与交换机 Switch 配置正确。

对路由器的接口状态和路由表进行分析,在 Router2811 上进行查看,结果如图 2-14 所示。

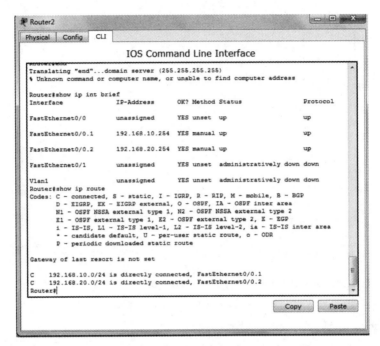

图 2-14 路由器子接口和路由表

路由表收敛到 192.168.10.0、192.168.20.0。

六、小结

本实验是在实验七以及学习者已经充分理解虚拟局域网的原理及连通性需求的基础上进行的一个拓展实验,让学习者学会采用多种方式解决同一问题。需要加强理解的部分有以下几方面。

(1)理解路由器和三层交换机功能的异同,以及在本实验中两者的功能;

(2)路由器子接口的功能及具体配置;

(3)802.1Q 协议的配置;

(4)交换机与路由器的连接。

七、思考与练习

(1)如何实现 VLAN 间的路由?

(2)路由器子接口的功能是什么?

(3)802.1Q 协议的作用及配置方式是什么?

(4)在模拟器 Packet Tracer 上再次练习本实验,达到熟练掌握。

(5)拓展练习:在更复杂的网络拓扑结构下,通过单臂路由实现 VLAN 间通信。

实验九　快速生成树协议配置

一、实验目的

(1)理解快速生成树协议(RSTP)的原理;

(2)掌握快速生成树协议的配置。

二、实验内容

(1)建立实验拓扑;

(2)在交换机上配置快速生成树协议;

(3)配置交换机优先级。

三、实验仪器及环境

(1)二层交换机 2 台;

(2)PC 2 台;

(3)网络连接线若干(双绞线、控制线)。

四、实验原理

生成树协议(Spanning Tree Protocol,STP)的作用是在交换网络中提供冗余备份链路,并且解决交换网络中的环路问题。生成树协议是利用 SPA 算法(生成树算法),在有交换环路的网络中生成一个没有环路的树形网络。运用该算法将交换网络冗余的备份链路在逻辑上断开,当主要链路出现故障时,能够自动地切换到备份链路,以保证数据的正常转发。目前常见的生成树协议有 STP(生成树协议 IEEE802.1d)、RSTP(快速生成树协议 IEEE802.1w)、MSTP(多生成树协议 IEEE802.1s)。

生成树协议的特点是收敛时间长。当主要链路出现故障时,切换到备份链路需要50 s 的收敛时间。快速生成树协议(RSTP)在生成树协议的基础上增加了两种端口角色:替换端口(alternate port)和备份端口(backup port),这两种端口分别作为根端口(root port)和指定端口(designated port)的冗余端口。当根端口出现故障时,冗余端口不需要经过 50 s 的收敛时间便可直接切换到替换端口或备份端口,从而实现 RSTP 协议小于1 s 的收敛速度。

五、实验步骤

1. 实验任务及拓扑设定

为了提高网络的可靠性,用 2 条链路将交换机互联,同时要求在交换机上进行快速生成树协议配置,使网络避免环路。本实验以 2 台锐捷 2950 系列交换机为例,将 2 台交换机分别命名为 YLY-A、YLY-B。PC1 和 PC2 在同一网段,假设 IP 地址分别为 192.168.1.1、192.168.1.2,子网掩码为 255.255.255.0。实验拓扑如图 2-15 所示。

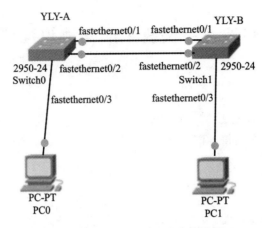

图 2-15 快速生成树实验拓扑结构

2. 对交换机进行基本配置

交换机 YLY-A 和 YLY-B 的配置方法相同,配置命令如下:

```
Switch#configure terminal
Switch(config)#hostname YLY-A
YLY-A(config)#vlan 10
YLY-A(config)#interface fastethernet 0/3
YLY-A(config-if)#switchport access vlan 10
YLY-A(config-if)#exit
YLY-A(config)#interface range fastethernet 0/1-2
YLY-A(config-if-range)#switchport mode trunk
```

3. 配置快速生成树协议

配置快速生成树协议的命令如下:

```
YLY-A#configure terminal
YLY-A(config)#spanning-tree
YLY-A(config)#spanning-tree mode rstp
```

验证测试命令如下:

```
YLY-A#show spanning-tree    //验证快速生成树协议已经开启
```

4. 设置交换机的优先级,指定 YLY-A 为根交换机

命令如下:

```
YLY-A(config)#spanning-tree priority 4096
```

验证测试如下:

```
YLY-A#show spanning-tree    //验证 YLY-A 的优先级
```

5. 连接网络设备

按如图 2-15 所示的实验拓扑结构连接网络设备,并设置 PC1、PC2 的 IP 地址以及子网掩码。

6. 验证测试

(1)验证交换机 YLY-B 的端口 1 和端口 2 的状态,命令如下:

```
YLY-B# show spanning- tree interface fastethernet 0/1
YLY-B# show spanning- tree interface fastethernet 0/2
```

　　(2)如果 YLY-A 和 YLY-B 的端口 fastethernet 0/1 之间的链路 down 掉(如拔掉网线),验证交换机 YLY-B 的端口 2 的状态,并观察状态转换时间,命令如下:

```
YLY-B# show spanning- tree interface fastethernet 0/2
```

　　(3)如果 YLY-A 和 YLY-B 之间的一条链路 down 掉(如拔掉网线),验证主机 PC1和 PC2 之间仍然能够 Ping 通,并观察 Ping 过程中的丢包情况,命令如下:

```
PC1: Ping 192.168.1.2          //测试连通性
PC1: Ping 192.168.1.2 - t      //观察丢包情况
```

六、小结

　　快速生成树协议配置实现的功能是使网络在有冗余链路的情况下避免产生环路,避免广播风暴等。在拓扑图连接网络时也要注意,应在 2 台交换机都配置过快速生成树协议之后再将 2 台交换机连接起来,因为如果先连线再配置会造成广播风暴,影响交换机的正常工作。

七、思考与练习

　　(1)各类生成树协议的区别是什么?
　　(2)快速生成树协议有哪些特性?

第3章 路由技术实验

本章主要介绍路由技术,包括路由器的基本配置、路由器的本地及远程配置。实验十一提供静态路由配置方法;实验十二和实验十三体验动态路由协议 RIP 和动态路由协议 OSPF 的配置过程,也是本章的核心内容。此外,作为本章实验的强化与扩展,提供了网络地址转换(包括静态地址转换和动态地址转换)的配置实验,提供了新一代 IPv6 的配置与应用实验。通过本章的实验操作,学习者能够比较全面地掌握计算机网络中的路由技术。

实验十 路由器的认识和基本配置

一、实验目的

(1)掌握路由器的几种常用配置方法;

(2)掌握采用 Console 线缆配置路由器的方法;

(3)掌握采用远程登录方式配置路由器的方法;

(4)熟悉路由器的不同命令行操作模式以及各种模式之间的切换;

(5)掌握路由器的基本配置命令。

二、实验内容

(1)构建实验拓扑结构图;

(2)熟悉路由器的基本配置方式与常用命令;

(3)在路由器上配置 IP 地址;

(4)配置路由器远程登录。

三、实验仪器及环境

(1)路由器 1 台;

(2)PC 1 台;

(3)控制线、双绞线各 1 根。

四、实验原理

路由器的管理方式分为两种:带内管理和带外管理。通过路由器的 Console 端口管理路由器,属于带外管理,不占用路由器的网络接口。其特点是需要使用配置线缆,且近距离配置。第一次配置时必须利用 Console 端口进行配置。而远程配置和管理路由器则是更加方便的方式,通过 Telnet 或 Web 方式进行远程路由器登录和管理。这种方式需要基于第一种方式,即第一次在设备机房对路由器通过 Console 端口进行初次配置,给路由器配置管理 IP 地址后,便可对其进行远程管理。

五、实验步骤

1. 路由器基本配置(一)

实验拓扑结构图如图 3-1 所示。

图 3-1　实验拓扑结构图 1

1)基本配置

(1)使用标准 Console 线缆连接 PC0 的串口和路由器的 Console 端口,在 PC0 上启用超级终端,并配置超级终端的参数,使计算机与路由器通过 Console 端口建立连接。

(2)配置路由器的管理 IP 地址,并为远程登录用户配置用户名和密码。配置计算机的 IP 地址(与路由器的管理 IP 地址在同一个网段),通过网线将计算机和路由器相连,通过计算机远程登录到路由器上查看配置。

(3)路由器常用命令练习。

```
Router>en
Router#conf t
Router(config)#interface fastethernet0/0
Router(config- if)#no shutdown    //路由器端口默认关闭,开启 fastethernet0/0
端口

Router(config- if)#exit
Router(config)#hostname YLY-R         //修改路由器主机名
YLY-R(config)#enable password 123456 //设置进入特权模式的密码
YLY-R(config)#line vty 0 4
YLY-R(config- line)#password yly 123 //设置远程登录的密码
YLY-R(config- line)#login
YLY-R(config- line)#exit
YLY-R(config)#interface fastethernet0/0
YLY-R(config- if)#ip address 192.168.1.2 255.255.255.0   //配置路由器的管理 IP
地址
YLY-R(config- if)#no shutdown    //开启端口
YLY-R(config- if)#end
```

2)从 PC 端口登录测试

(1)验证进入特权模式的密码,命令如下:

```
Router>en
```

```
Password:
```

(2)验证远程登录的密码。

①给 PC 设置 IP 地址(如下示例):

```
ip        192.168.1.1   主机的 ip 地址必须和交换机端口的地址在同一网段
netmask   255.255.255.0
gateway   192.168.1.2   网关地址是交换机端口地址
```

②打开 Command Prompt,进行远程登录,分别如图 3-2、图 3-3 所示。

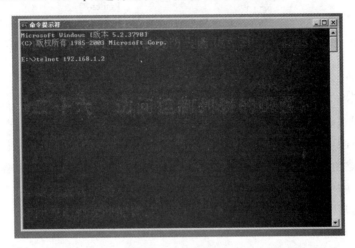

图 3-2　远程连接 1

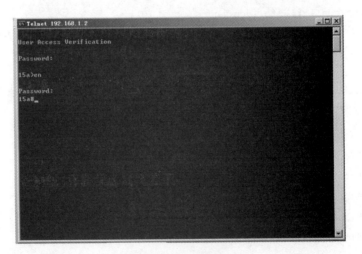

图 3-3　远程登录 1

2. 路由器基本配置(二)

实验拓扑结构图如图 3-4 所示。

(1)使用标准 Console 线缆连接 PC1 的串口和路由器的 Console 端口,用双绞线连接 PC2 的以太网端口(fastethernet)和路由器的以太网端口(fastethernet),用 V.35 线缆连接两个路由器的 serial2/0 接口。

(2)分别配置两个路由器的管理 IP 地址,并为远程登录用户配置用户名和密码。配置计算机的 IP 地址,通过网线将计算机和路由器相连,通过计算机远程登录到路由器上查看配置。

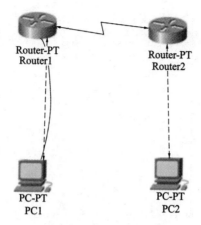

图 3-4　实验拓扑结构图 2

(3)将两个路由器的主机名分别更改为 YLY-A 和 YLY-B。

(4)显示当前配置信息。

(5)配置路由器的远程密码。

(6)显示历史命令如下:

```
Router>en
Router#config t
Enter configuration commands, one per line. End with CNTL/Z.
Router(config)#hostname YLY-A
YLY-A(config)#interface fastethernet0/0
YLY-A(config- if)#ip address 192.168.1.1 255.255.255.0
YLY-A(config- if)#no shutdown

YLY-A(config- if)#exit
YLY-A(config)#interface fastethernet 1/0
YLY-A(config- if)#ip address 192.168.2.1 255.255.255.0
YLY-A(config- if)#no shutdown

YLY-A(config)#interface serial 2/0
YLY-A(config- if)#ip address 192.168.3.1 255.255.255.0
YLY-A(config- if)#clock rate 64000
YLY-A(config- if)#no shutdown

YLY-A(config- if)#exit
YLY-A(config)#line vty 0 4
YLY-A(config- line)#password star
YLY-A(config- line)#login
```

```
YLY-A(config- line)#end

YLY-A#en
YLY-A#config t
YLY-A(config)#enable secret ruijie
YLY-A(config)#enable password yly
YLY-A(config)#exit

YLY-A#show ip interface brief
interface          IP- Address      OK? Method Status   Protocol

fastethernet0/0   192.168.1.1      YES manual up        up

fastethernet1/0   192.168.2.1      YES manual up        down

serial2/0         192.168.3.1      YES manual down      down

serial3/0         unassigned       YES unset administratively down down

fastethernet4/0   unassigned       YES unset administratively down down

fastethernet5/0   unassigned       YES unset administratively down down

Router>en
Router#config t
Router(config)#hostname YLY-B
YLY-B(config)#interface fastethernet 0/0
YLY-B(config- if)#ip address 192.168.4.1 255.255.255.0
YLY-B(config- if)#no shutdown

YLY-B(config- if)#exit
YLY-B(config)#interface serial 2/0
YLY-B(config- if)#ip address 192.168.3.2 255.255.255.0
YLY-B(config- if)#no shutdown

YLY-B(config- if)#exit
YLY-B(config)#

YLY-B(config)#end
YLY-B#show ip interface brief
interface          IP- Address      OK? Method Status   Protocol
fastethernet0/0   192.168.4.1      YES manual up        up
```

```
fastethernet1/0    unassigned      YES unset administratively down down
serial2/0          192.168.3.2     YES manual up        up
serial3/0          unassigned      YES unset administratively down down
fastethernet4/0    unassigned      YES unset administratively down down
fastethernet5/0    unassigned      YES unset administratively down down
```

六、小结

(1)在开启路由器 fastethernet 接口时,要看清楚再进行连接。在进入串行接口时也要注意同样的问题。

(2)要验证 PC 是否可以通过网线远程登录到路由器上,一定要为路由器配置路由器的远程登录密码和特权模式密码。

七、思考与练习

(1)路由器有多少种配置模式?

(2)为了方便管理,路由器需要开通远程登录功能,请问如何在路由器配置该功能?

(3)查看路由器的所有配置信息应使用哪条命令?

(4)如果不设置路由器的远程登录密码与特权模式密码,可以通过远程登录访问路由器吗?

实验十一　静态路由配置

一、实验目的

(1)了解网络互联所需设备及其主要功能和特点;

(2)了解路由器的配置方法和静态路由配置方式;

(3)了解路由器各端口和手工建立路由表的方法;

(4)理解计算机网络数据包的传递过程和路由器的转发机制。

二、实验内容

(1)构建互联网,画出网络拓扑图;

(2)对网络中的设备进行配置,在路由器上进行静态路由配置,使得不同局域网内的主机能够互相访问。

三、实验仪器及环境

(1)二层交换机 2 台;

(2)路由器 2 台;

(3)PC 2~4 台;

(4)路由器背靠背连接线 1 条,双绞线、控制线若干。

四、实验原理

静态路由是指由网络管理员手工配置的路由信息。当网络的拓扑结构或链路的状态发生变化时，网络管理员需要手工去修改路由表中相关的静态路由信息。静态路由信息在默认情况下是私有的，不会传递给其他路由器。当然，网络管理员也可以通过对路由器进行设置使之成为共享的。静态路由一般适用于比较简单的网络环境，在这样的环境中，网络管理员易于清楚地了解网络的拓扑结构，便于设置正确的路由信息。相对于动态路由，静态路由具有优先权。

局域网互联实验网络拓扑图如图 3-5 所示。PC1 和 PC2 为局域网 1 中的两台主机，PC3 和 PC4 为局域网 2 中的两台主机。局域网 1 和局域网 2 通过两台路由器相连。通过配置路由器的路由表，局域网 1 中的主机能够与局域网 2 中的主机相互访问。表 3-1 为局域网互联实验的参数表。

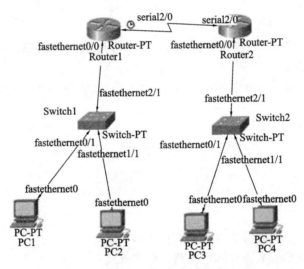

图 3-5　局域网互联实验网络拓扑图

表 3-1　局域网互联实验的参数表

设备	端口	IP	掩码	默认网关
Router1	serial2/0	10.10.10.1	255.255.255.0	
	fastethernet0/0	192.168.10.254	255.255.255.0	
Router2	serial2/0	10.10.10.2	255.255.255.0	
	fastethernet0/0	192.168.20.254	255.255.255.0	
PC1		192.168.10.1	255.255.255.0	192.168.10.254
PC2		192.168.10.2	255.255.255.0	192.168.10.254
PC3		192.168.20.1	255.255.255.0	192.168.20.254
PC4		192.168.20.2	255.255.255.0	192.168.20.254

1. 路由器配置基本命令

路由器配置基本命令如下：

```
Router>en                      //从用户模式进入特权模式
Router#configure terminal      //从特权模式进入全局配置模式
Router (config) #hostname YLY-A  //设置交换机/路由器的主机名为 YLY-A
YLY-A (config) #exit           //从全局配置模式返回到特权模式
YLY-A #disable                 //从特权模式返回到用户模式
YLY-A>
```

2. 为路由器配置静态路由的方法

进入全局配置模式后，使用以下命令：

```
Router (config) #ip route network [mask] {address | interface} [distance]
```

其中：network 表示所要到达的目的网络号或子网号；mask 表示目的网络的子网掩码；address 表示到达目的网络所经过的下一跳路由器接口的 IP 地址；interface 表示接口名称；distance 表示该路由的管理距离(可选)。

3. 对路由器进行默认路由设置

命令如下：

```
Router(config) #ip route 0.0.0.0  0.0.0.0 {address|interface} [distance]
```

其中：第一个 0.0.0.0 代表任意地址；第二个 0.0.0.0 代表任意掩码；其余三个参数的含义与配置静态路由中使用的参数含义相同。

4. 查看路由表

在路由器的特权模式下，使用下面命令进行查看：

```
Router#show ip route
```

五、实验步骤

1. 绘制实验网络拓扑图

根据实验要求，在纸上或模拟软件上绘制实验网络拓扑图，如图 3-6 所示。

2. 配置路由器基本参数

路由器 YLY-A 的命令如下：

```
Router>enable
Router#configure terminal
Router#hostname YLY-A
YLY-A ( config ) #interface serial 0
YLY-A( config- if) #ip address 10.10.10.1 255.255.255.0
YLY-A(config- if) #clock rate 64000
YLY-A(config- if) #no shutdown
YLY-A(config- if) #interface ethernet 0
YLY-A(config- if) #ip address 192.168.10.254 255.255.255.0
YLY-A(config- if) #no shutdown
YLY-A(config- if) #exit
```

YLY-A(config) # ip route 192.168.20.0 255.255.255.0 10.10.10.2 #静态路由配置

路由器 YLY-B 的命令如下：

```
Router>enable
Router#configure terminal
Router#hostname YLY-B
YLY-B(config ) #interface serial 0
YLY-B(config- if) #ip address 10.10.10.2 255.255.255.0
YLY-B(config- if) #no shutdown
YLY-B(config- if) #interface ethernet 0
YLY-B(config- if) #ip address 192.168.20.254 255.255.255.0
YLY-B(config- if) #no shutdown
YLY-B(config- if) #exit
YLY-B(config) #ip route 192.168.10.0 255.255.255.0 10.10.10.1 #静态路由配置
```

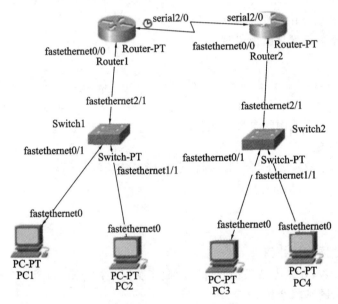

图 3-6   实验网络拓扑图

3. 查看路由表

命令如下：

```
YLY-B# show ip route
```

路由器 YLY-B 的路由表如图 3-7 所示。

4. 配置 IP 地址及网关参数

配置 PC1、PC2、PC3、PC4 的 IP 地址及网关参数。

5. 通过 Ping 命令来测试网络连通性

通过在 PC1、PC2、PC3、PC4 上使用 Ping 命令来测试网络连通性，如图 3-8 所示。

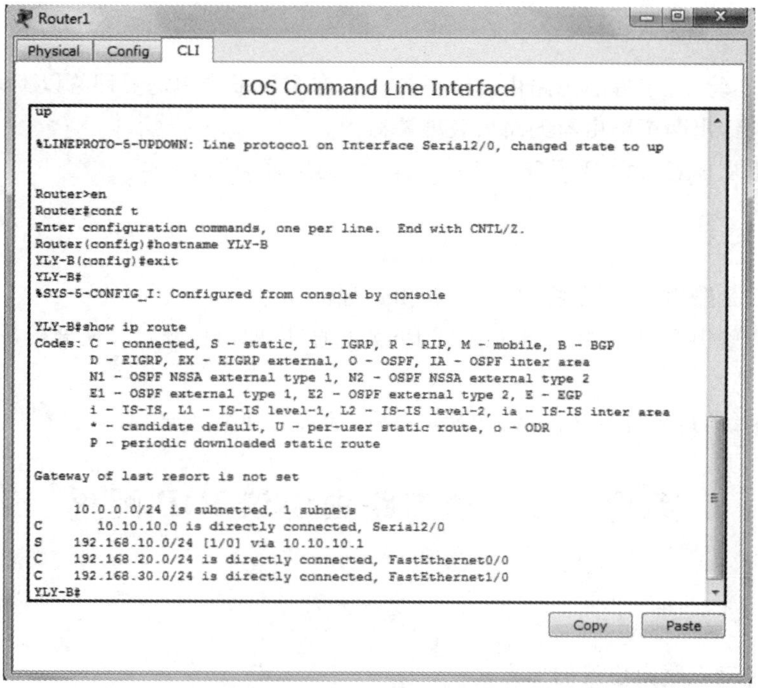

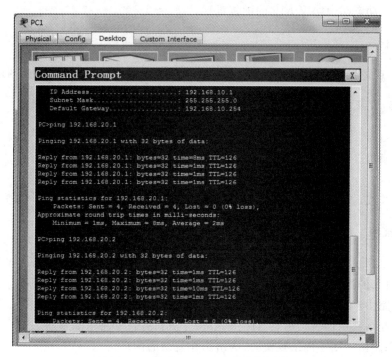

图 3-7　路由器 YLY-B 的路由表

图 3-8　PC1 和 PC3、PC4 的连通测试

六、小结

通过本实验,可掌握静态路由的配置方法。在实验报告中需要回答以下问题:

(1)分别给出两个路由器的路由表屏幕截图;

(2)给出从任意一台 PC Ping 到另一台 PC 的屏幕截图。

七、思考与练习

(1)什么是路由表? 简述路由器的路由过程。

(2)若实验中 PC1 和 PC2 相互之间 Ping 不通,应如何检查? 如何分析是哪台设备出现了问题?

(3)拓展练习:实现多路由器下的静态路由配置与网络连通。

实验十二　动态路由协议 RIP 配置

一、实验目的

(1)掌握动态路由协议的原理;

(2)掌握经典动态路由协议 RIP 的原理及过程;

(3)掌握动态路由协议 RIP 的配置过程。

二、实验内容

依据相应的网络拓扑要求,在路由器上配置动态路由协议 RIP,实现全网连通。

三、实验仪器及环境

(1)路由器 2 台;

(2)交换机 2 台;

(3)PC 4 台;

(4)双绞线、控制线、背靠背连接线若干。

四、实验原理

动态路由是指网络中的路由器之间相互通信,并传递路由信息,再利用收到的路由信息更新路由表的过程。它能实时地适应网络结构的变化。如果路由更新信息表明发生了网络变化,路由选择协议就会重新计算路由,并发出新的路由更新信息。这些信息通过各个网络,引起各路由器重新启动其路由算法,并更新各自的路由表来动态地反映网络拓扑变化。动态路由适用于网络规模大、网络拓扑复杂的网络。

RIP(路由信息协议)使用跳数作为唯一的度量值。在 RIP 中,规定跳数的最大值为 15 跳,16 跳就视为不可达。RIP 进程使用 UDP(用户数据报协议)的 520 号端口发送和接收 RIP 分组,RIP 分组每隔 30 s 就从每个启动的 RIP 的接口发送路由更新信息。

　　路由器接收到相邻路由器发送来的路由信息时,会与自己的路由表中的条目进行比较,如果路由表中已经存在这条路由信息,路由器就会比较新接收到的路由信息是否优于现在的条目,当优于现在的条目时,路由器会用新的路由信息替换原有的路由条目。反之,路由器会比较这条路由信息与原有的条目是否来自同一个源,如果来自同一个源,则更新,否则就忽略这条路由信息。

　　实验网络拓扑图如图 3-9 所示。

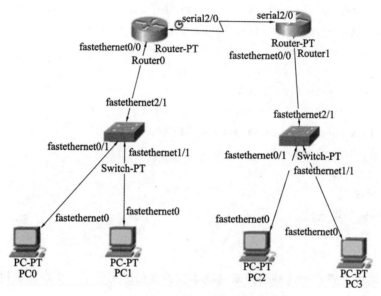

图 3-9　实验网络拓扑图

五、实验步骤

1. 设计拓扑结构
其拓扑结构如图 3-9 所示。

2. 配置路由器的名称、接口 IP 地址
命令如下:

```
Ruijie#configure terminal    //进入路由器的配置模式
Ruijie(config)#hostname RouterA    //配置路由器的名称
RouterA(config)#
RouterA(config)#int fastethernet0/0
RouterA(config-if)#ip address 192.168.1.1 255.255.255.0    //设置端口的 IP 地址
RouterA(config-if)#no shutdown    //开启端口
RouterA(config-if)#exit
RouterA(config)#
RouterA(config)#interface serial2/0
RouterA(config-if)#ip address 172.16.1.1 255.255.255.0
RouterA(config-if)#clock rate 64000
RouterA(config-if)#no shutdown    //开启端口
```

```
RouterA(config- if)#exit
```
另一个路由器的配置类同,此处略。

3. 在两台路由器上配置 RIP

命令如下:

```
RouterA(config)#router rip
RouterA(config- router)#version 2
RouterA(config- router)#network 192.168.1.0
RouterA(config- router)#network 172.16.1.0
RouterA(config- router)#exit

RouterB(config)#router rip
RouterA(config- router)#version 2
RouterB(config- router)#network 192.168.2.0
RouterB(config- router)#network 172.16.1.0
RouterB(config- router)#exit
```

4. 结果测试

测试 PC 间的连通性。

六、小结

在静态路由配置实验的基础上来完成本实验就相对简单了。要在实验过程中进一步掌握原理,实验报告中要明确以下内容。

(1)描述和理解实验过程;

(2)熟练掌握操作命令。

七、思考与练习

(1)RIP 的路由表是如何建立的以及路由交换过程是怎样的?

(2)路由表是如何更新的?

(3)RIP 是如何配置的?

(4)如何检测实验过程中的错误和问题?

(5)拓展练习:实现多路由器下的 RIP 配置与网络连通。

实验十三　动态路由协议 OSPF 配置

一、实验目的

(1)理解动态路由协议原理;

(2)理解动态路由协议 OSPF 的原理及其过程;

(3)掌握在路由器上配置 OSPF 单区域。

二、实验内容

(1)构建网络拓扑图；

(2)规划 PC 及路由器相关接口的 IP 地址,配置动态路由协议 OSPF,使 PC 之间能相互通信；

(3)使用命令查看每台路由器上的相关信息。

三、实验仪器及环境

(1)路由器 2 台；

(2)交换机 2 台；

(3)PC 4 台；

(4)双绞线、控制线、背靠背连接线若干。

四、实验原理

OSPF(Open Shortest Path First,开放式最短路径优先)协议是目前网络中应用最广泛的路由协议之一,其属于内部网关路由协议,能够适应各种规模的网络环境,是典型的链路状态(link-state)协议。

动态路由协议 OSPF 通过向全网扩散设备的链路状态信息,使网络中的每台设备最终同步一个具有全网链路状态的数据库(LSDB)。路由器采用最短路径优先(SPF)算法,以自己为根,计算到达其他网络的最短路径,最终形成全网路由信息。OSPF 属于无类路由协议,支持 VLSM(变长子网掩码)。OSPF 以组播的形式进行链路状态通告。

五、实验步骤

1. 设计拓扑结构

构建实验拓扑结构图,如图 3-10 所示。

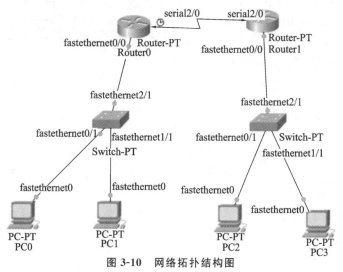

图 3-10 网络拓扑结构图

2. 配置路由器的接口 IP 地址

命令如下：

```
Router1
Router1#conf t
Router1(config)#int f0/2
Router1(config-if-fastethernet 0/2)#ip address 192.168.1.254 255.255.255.0
Router1(config-if-fastethernet 0/2)#no shut
Router1(config-if-fastethernet 0/2)#exit
Router1(config)#int s2/0
Router1(config-if-serial 2/0)#ip address 192.168.3.1 255.255.255.0
Router1(config-if-serial 2/0)#clock rate 64000
Router1(config-if-serial 2/0)#no shut
Router1(config-if-serial 2/0)#exit


Router2
Ruijie#conf t
Router2(config)#int f0/0
Router2 (config-if-fastethernet 0/0)#ip address 192.168.2.254 255.255.255.0
Router2(config-if-fastethernet 0/0)#no shutdown
Router2 (config-if-fastethernet 0/0)#exit
Router2(config)#int s2/0
Router2 (config-if-serial 2/0)#ip address 192.168.3.2 255.255.255.0
Router2(config-if-serial 2/0)#no shutdown
Router2 (config-if-serial 2/0)#exit
```

3. 配置动态路由协议 OSPF

命令如下：

```
Router1
Router1(config)#router ospf  1
Router1(config-router)#network 192.168.1.0 0.0.0.255 area 1
Router1(config-router)#network 192.168.3.0 0.0.0.255 area 1
Router1(config-router)#end


Router2
Router2(config)#router ospf  1
Router2 (config-router)#network 192.168.2.0 0.0.0.255 area 1
Router2 (config-router)#network 192.168.3.0 0.0.0.255 area 1
Router2(config-router)#end
```

4. 查看路由表

查看路由表中的信息如下所示：

```
R1#show ip route
Codes: C - connected, S - static, R - RIP, B - BGP
       O - OSPF, IA - OSPF inter area
       N1 - OSPF NSSA external type 1, N2 - OSPF NSSA external type 2
       E1 - OSPF external type 1, E2 - OSPF external type 2
       i - IS-IS, su - IS-IS summary, L1 - IS-IS level-1, L2 - IS-IS level-2
       ia - IS-IS inter area, * - candidate default

Gateway of last resort is no set
C    192.168.1.0/24 is directly connected, FastEthernet 0/2
C    192.168.1.254/32 is local host.
O    192.168.2.0/24 [110/51] via 192.168.3.2, 00:09:43, Serial 2/0
C    192.168.3.0/24 is directly connected, Serial 2/0
C    192.168.3.1/32 is local host.

Ruijie#show ip route
Codes: C - connected, S - static, R - RIP, B - BGP
       O - OSPF, IA - OSPF inter area
       N1 - OSPF NSSA external type 1, N2 - OSPF NSSA external type 2
       E1 - OSPF external type 1, E2 - OSPF external type 2
       i - IS-IS, su - IS-IS summary, L1 - IS-IS level-1, L2 - IS-IS level-2
       ia - IS-IS inter area, * - candidate default

Gateway of last resort is no set
O    192.168.1.0/24 [110/51] via 192.168.3.1, 00:12:05, Serial 2/0
C    192.168.2.0/24 is directly connected, FastEthernet 0/0
C    192.168.2.254/32 is local host.
C    192.168.3.0/24 is directly connected, Serial 2/0
C    192.168.3.2/32 is local host.
```

5. 结果测试

测试 PC1 与 PC2 之间的连通性,如图 3-11 所示。

```
E:\>ping 192.168.2.1

Pinging 192.168.2.1 with 32 bytes of data:

Reply from 192.168.2.1: bytes=32 time=21ms TTL=126
Reply from 192.168.2.1: bytes=32 time=21ms TTL=126
Reply from 192.168.2.1: bytes=32 time=21ms TTL=126
Reply from 192.168.2.1: bytes=32 time=21ms TTL=126

Ping statistics for 192.168.2.1:
    Packets: Sent = 4, Received = 4, Lost = 0 (0% loss),
Approximate round trip times in milli-seconds:
    Minimum = 21ms, Maximum = 21ms, Average = 21ms
```

图 3-11　测试 PC1 与 PC2 之间的连通性

测试 PC2 与 PC0、PC1 之间的连通性,如图 3-12 所示。

六、小结

结合前几次实验,明白静态路由、动态路由协议 RIP 和动态路由协议 OSPF 均可实现不同网络间 PC 的通信,但三者有所不同,具体如下:

(1)静态路由需要手工配置,通信过程中 IP 报文按照手工配置的目的网络经过指定的路由被送往下一跳的接口;

(2)动态路由协议 RIP 是一种通过向相邻的所有结点广播触发来更新本身的路由表项,从而达到通信的目的,但一般只能经过 15 跳的路由;

(3)动态路由协议 OSPF 是通过每台路由器自己周围的网络拓扑结构生成链路状态进行广播,是一种链路状态的协议。

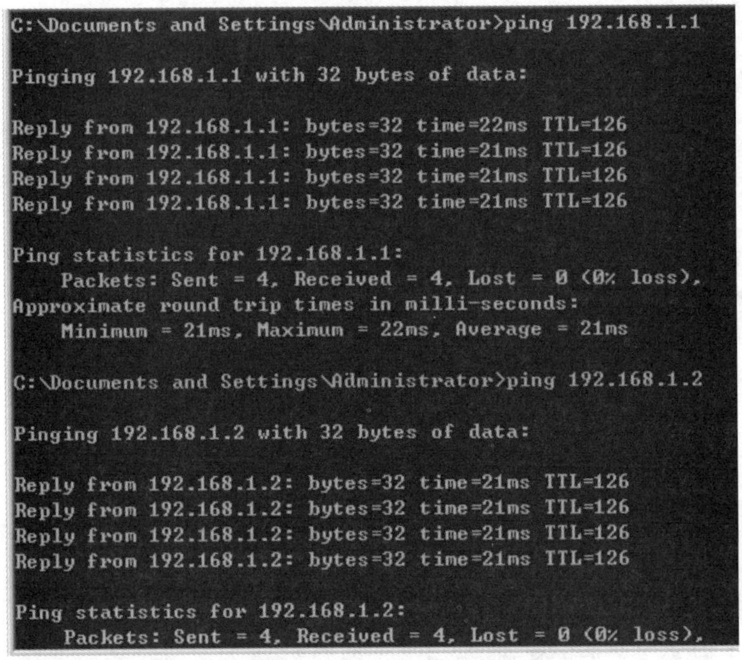

图 3-12　测试 PC2 与 PC0、PC1 之间的连通性

配置时需要注意的事项有以下两点：

(1)在申明直连网段时，注意要写该网段的反掩码；

(2)在申明直连网段时，必须指明所属的区域。

七、思考与练习

(1)动态路由协议 OSPF 的工作原理与适用范围是什么？与动态路由协议 RIP 有什么不同？

(2)动态路由协议 OSPF 的配置过程及关键命令是什么？

(3)拓展练习：基于 Packet Tracer 构建大型网络，并进行动态路由协议 OSPF 多区域划分与路由配置。

实验十四　网络地址转换(NAT)配置

一、实验目的

(1)掌握网络地址的划分，知道私有地址的范围，熟悉并掌握网络地址转换的配置方法；

(2)进一步熟练掌握路由器的基本命令和配置方法；

(3)验证网络地址转换的配置结果，加深对 IP 网络地址转换概念的理解。

二、实验内容

(1)静态地址转换配置;

(2)动态地址转换配置。

三、实验仪器及环境

(1)PC 2 台;

(2)交换机 2 台;

(3)路由器 2 台;

(4)背对背 V.35 电缆 DTE 1 条、背对背 V.35 电缆 DCE 1 条、串口专用电缆 2 条、双绞线若干。

四、实验原理

网络地址转换(Network Address Translation,NAT)广泛应用于各种类型的网络中。NAT 不仅解决了 IP 地址不足的问题,而且有效避免了来自网络外部的攻击,可隐藏并保护网络内部的计算机。

默认情况下,内部 IP 地址是无法被路由到外网的,内部主机要与外部 Internet 通信,IP 包到达 NAT 路由器时,IP 包头的源地址被替换成一个合法的外网 IP 地址,并在 NAT 表中保存这条记录。当外部主机发送一个应答到内网时,NAT 路由器收到后,查看当前的 NAT 表,用内网地址替换掉这个外网 IP 地址。

NAT 将网络划分为内部网络和外部网络两部分,局域网主机利用 NAT 访问网络时,是将局域网内部的本地地址转换为全局地址(互联网合法的 IP 地址)后转发数据包。NAT 分为两种类型:NAT(网络地址转换)和 NAPT(Network Address Port Translation,网络端口地址转换)。网络地址转换分为静态地址转换和动态地址转换。静态地址转换用于实现内部地址与外部地址一对一的映射,一般都用于内部服务器。动态地址转换需要定义一个地址池来自动映射。网络端口地址转换使用不同的端口来映射多个内网 IP 地址到一个指定的外网地址,是多对一的形式。

五、实验步骤

(1)构建网络实验拓扑结构图,如图 3-13 所示。

(2)设置以太网接口(fastethernet0/0)参数,配置为内网接口;

(3)设置串口(serial2/0)参数,配置为外网接口;

(4)配置路由协议;

(5)配置地址转换;

(6)测试网络连通性。

具体配置命令和代码如下。

①路由器接口配置。

```
Router1
```

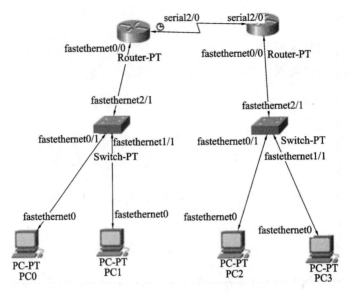

图 3-13　网络实验拓扑结构图

```
Router#config t                          //进入全局配置模式
Router#hostname Router1   //配置路由器名字为 Router-1
Router1(config)#int fastethernet0/0   //进入接口配置模式
Router1(config-if-fastethernet 0/0)#ip address 192.168.1.254 255.255.255.0
                                  //为快速以太网接口配置 IP 地址
Router1(config-if-fastethernet 0/0)#ip nat inside   //标明是连接到内部网
Router1(config-if-fastethernet 0/0)#interface serial 2/0   //进入广域网接口
Router1(config-if-serial 2/0)#clock rate 64000   //为该接口建立时钟频率
Router1(config-if-serial 2/0)#ip adderss 200.100.100.1 255.255.255.0
                                  //为该接口设置 IP 地址
Router1(config-if-serial 2/0)#ip nat outside   //标明是连接到外部网
Router1(config-if-serial 2/0)#exit
```

②路由协议配置,此处以动态路由协议 RIP 为例完成配置。

```
Router1(config)#router rip
Router1(config-router)#version 2   //启动 RIP 路由协议
Router1(config-router)# network 200.100.100.0   //发布直连网段
Router1(config-router)#exit
```

③静态地址转换配置。

```
Router1(config)#ip nat inside source static 192.168.1.1 200.100.100.1
                                  //静态地址转换配置
Router1(config)#ip nat inside source static 192.168.1.2 200.100.100.1
                                  //静态地址转换配置
```

④动态地址转换配置。

```
Router1(config)#ip access-list standard 1
Router1(config-std-nacl)#permit 192.168.1.0 0.0.0.255   //定义一个标准的访问列
```

表,允许哪些地址可以转换

Router1(config-std-nacl)#exit

Router1(config)#ip nat pool yly 200.100.100.3 200.100.100.6 netmask 255.255.
255.0　//建立外部地址池

Router1(config)#ip nat inside source list 1 pool yly overload　//建立动态地址映
射,指定前一步定义的访问列表

Router1(config)#end

⑤外网路由器配置。

Router2

Router#config t

Router(config)#hostname Ruijie

Ruijie(config)#int f 0/1

Ruijie(config-if-fastethernet 0/1)#ip address 200.100.99.254 255.255.255.0

Ruijie(config-if-fastethernet 0/1)#exit

Ruijie(config)#int s 2/0

Ruijie(config-if-serial 2/0)#ip address 200.100.100.2 255.255.255.0

Ruijie(config-if-serial 2/0)#exit

Ruijie(config)#router rip

Ruijie(config-router)#version 2

Ruijie(config-router)#network 200.100.99.0

Ruijie(config-router)#network 200.100.100.0

Ruijie(config-router)#end

⑥查看路由表。

连接内网的路由表如下:

```
Codes:  C - connected, S - static, R - RIP, B - BGP
        O - OSPF, IA - OSPF inter area
        N1 - OSPF NSSA external type 1, N2 - OSPF NSSA external type 2
        E1 - OSPF external type 1, E2 - OSPF external type 2
        i - IS-IS, su - IS-IS summary, L1 - IS-IS level-1, L2 - IS-IS level-2
        ia - IS-IS inter area, * - candidate default

Gateway of last resort is no set
C    192.168.1.0/24 is directly connected, FastEthernet 0/2
C    192.168.1.254/32 is local host.
R    200.100.99.0/24 [120/1] via 200.100.100.2, 00:04:41, Serial 2/0
C    200.100.100.0/24 is directly connected, Serial 2/0
C    200.100.100.1/32 is local host.
```

连接外网的路由表如下:

```
router rip
 version 2
 network 200.100.99.0
 network 200.100.100.0
!
Ruijie#show ip route

Codes:  C - connected, S - static, R - RIP, B - BGP
        O - OSPF, IA - OSPF inter area
        N1 - OSPF NSSA external type 1, N2 - OSPF NSSA external type 2
        E1 - OSPF external type 1, E2 - OSPF external type 2
        i - IS-IS, su - IS-IS summary, L1 - IS-IS level-1, L2 - IS-IS level-2
        ia - IS-IS inter area, * - candidate default

Gateway of last resort is no set
C    200.100.99.0/24 is directly connected, FastEthernet 0/1
C    200.100.99.254/32 is local host.
C    200.100.100.0/24 is directly connected, Serial 2/0
C    200.100.100.2/32 is local host.
Ruijie#
```

⑦测试网络连通情况：

先设置 PC1 和 PC2 的 IP 地址。PC1 的 IP 为 192.168.1.1，Gataways 为 192.168.1.254；PC2 的 IP 地址为 200.100.99.1，Gataways 为 200.100.99.254。

然后在 PC1 上执行 Ping 200.100.99.1，如果通，代表设置正确，但 PC2 不能 Ping 通 PC1，其结果如图 3-14、图 3-15 所示。

```
E:\>ping 200.100.99.1

Pinging 200.100.99.1 with 32 bytes of data:

Reply from 200.100.99.1: bytes=32 time=23ms TTL=126
Reply from 200.100.99.1: bytes=32 time=21ms TTL=126
Reply from 200.100.99.1: bytes=32 time=22ms TTL=126
Reply from 200.100.99.1: bytes=32 time=21ms TTL=126

Ping statistics for 200.100.99.1:
    Packets: Sent = 4, Received = 4, Lost = 0 (0% loss),
Approximate round trip times in milli-seconds:
    Minimum = 21ms, Maximum = 23ms, Average = 21ms
```

图 3-14　内网能连通外网

```
C:\Documents and Settings\Administrator>ping 192.168.1.1

Pinging 192.168.1.1 with 32 bytes of data:

Reply from 200.100.99.254: Destination net unreachable.
Reply from 200.100.99.254: Destination net unreachable.
Reply from 200.100.99.254: Destination net unreachable.
Reply from 200.100.99.254: Destination net unreachable.

Ping statistics for 192.168.1.1:
    Packets: Sent = 4, Received = 4, Lost = 0 (0% loss),
Approximate round trip times in milli-seconds:
    Minimum = 0ms, Maximum = 0ms, Average = 0ms
```

图 3-15　外网不能访问内网

六、小结

(1)由于网络地址紧缺，规定企业内网采用保留 IP 地址(私有地址)，如果连接 Internet，则要把私有地址转换为公有地址才能实施地址转换；

(2)仔细观察命令和配置情况，观察地址转换的结果；

(3)实验报告应写明自己所做的详细操作过程和最终运行结果，并进行分析。

七、思考与练习

(1)为什么要进行地址转换？地址转换可具体解决什么问题？

(2)简述地址转换的关键命令和操作步骤。

(3)简述地址转换网络配置过程中是否需要配置路由协议。

(4)拓展练习：尝试完成静态和动态相结合的地址转换配置。

实验十五　IPv6 的配置与应用

一、实验目的

(1)IPv6 地址的配置；

(2)IPv6 静态路由的配置；

(3)IPv6 动态路由(RIPng)的配置。

二、实验内容

(1)掌握 IPv6 下网络设备及 PC 的地址配置方法；

(2)掌握 IPv6 下静态路由的配置方法；

(3)掌握 IPv6 下动态路由(RIPng)的配置方法。

三、实验仪器及环境

(1)路由器 2 台；

(2)交换机 2 台；

(3)PC 4 台；

(4)网络连接线若干。

四、实验原理

IPv6 地址长达 128 位，其表示法与 IPv4 的显著不同，IPv6 用十六进制表示，每 4 位为一组，中间用":"隔开，如 2001:12FC:…，若以零开头的可以省略，全零的组可用"::"表示(双冒号只能使用一次)，如 1:2::ACDR:…，地址前缀长度用"/xx"来表示，如 1::1/64。IPv6 地址分为单播地址(Unicast Address)、组播地址(Multicast Address)、任播地址(Anycast Address)和特殊地址。

IPv6 的一个突出特点是支持网络节点的地址自动配置，能有效提高网络管理者的工作效率。IPv6 主机单播地址由三部分组成：网络前缀、子网 ID 和接口 ID(64 位)。其中接口 ID 用来识别链接上的某个接口。

IPv6 地址配置分为手动地址配置和自动地址配置。其中自动地址配置分为无状态地址自动配置和有状态地址自动配置。在无状态地址自动配置方式下，网络接口接收路由器宣告的全局地址前缀，再结合接口 ID 得到一个可聚集全局单播地址。通过动态路由配置即可自动配置主机地址。在有状态地址自动配置方式下，主要采用动态主机配置协议(DHCP)，且需要配备专门的 DHCP 服务器，网络接口通过客户机/服务器模式从 DHCP 服务器处得到地址配置信息。

IPv6 静态路由的配置和 IPv4 静态路由的配置一样，都需要知道下一跳网络的路由。配置命令如下：

```
ipv6 route- static ip- address prefix- length { interface- name [ nexthop-
```

address〕| gateway- address } [preference preference- value]

例如#ipv6 route 12::/64 fastethernet0/1 5::3,表示到达目标网络 12::/64 的数据包从接口 fastethernet0/1 发出,下一跳地址为 5::3。

RIPng 为下一代 RIP 协议,是对 IPv4 网络中 RIPv2 的扩展,其配置过程如下。

(1)在路由器上启用 IPv6 RIPng 进程,命令如下:

> (config)#ipv6 unicast- routing
>
> (config)#ipv6 router rip 进程标识符

例如:(config)#ipv6 router rip w1

(2)在接口上启用 RIPng,命令如下:

> (config-if)#ipv6 rip 进程标识符 enable

例如:(config-if)#int f0/0

> (config-if)#ipv rip w1 enable

五、实验步骤

(1)构建网络拓扑结构图,如图 3-16 所示。

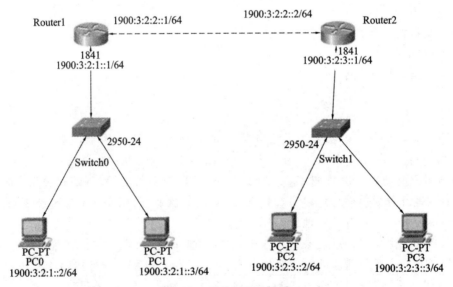

图 3-16 网络拓扑结构图

(2)静态配置主机 IPv6 地址如图 3-17 所示。

(3)以 Router2 配置为例配置静态路由实现网络的连通,命令如下:

> Router2#conf t
>
> Router2(config)#int fastethernet0/0
>
> Router2(config- if)#ipv6 enable
>
> Router2(config- if)#no shut
>
> Router2(config- if)#ipv6 address 1900:3:2:3::1/64
>
> Router2(config- if)#exit
>
> Router2(config)#int fastethernet0/1

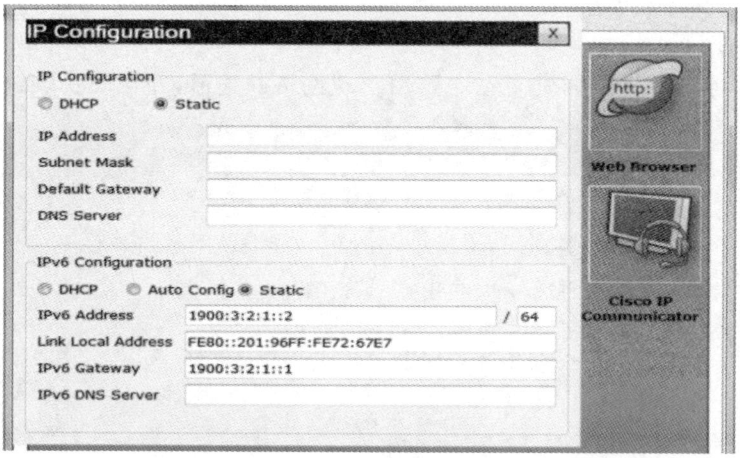

图 3-17　IPv6 地址配置

```
Router2(config- if)#ipv6 enable
Router2(config- if)#no shut
Router2(config- if)#ipv6 address 1900:3:2:2::2/64
Router2(config- if)#exit
Router2(config)#ipv6 route 1900:3:2:1::0/64 1900:3:2:2::1
Router2(config)#exit
```

Router1 的配置与 Router2 的配置类似，Router1 的静态路由如下：

```
Router1(config)#ipv6 route 1900:3:2:3::0/64 1900:3:2:2::2
```

通过 show ipv6 route 查看路由配置情况，如下：

```
Router2#show ipv6 route
IPv6 Routing Table -  6 entries
Codes: C -  Connected, L -  Local, S -  Static, R -  RIP, B -  BGP
    U -  Per- user Static route, M -  MIPv6
    I1 -  ISIS L1, I2 -  ISIS L2, IA -  ISIS interarea, IS -  ISIS summary
    O -  OSPF intra, OI -  OSPF inter, OE1 -  OSPF ext 1, OE2 -  OSPF ext 2
    ON1 -  OSPF NSSA ext 1, ON2 -  OSPF NSSA ext 2
    D -  EIGRP, EX -  EIGRP external
S   1900:3:2:1::/64 [1/0]
    via 1900:3:2:2::1
C   1900:3:2:2::/64 [0/0]
    via ::,fastethernet0/1
L   1900:3:2:2::2/128 [0/0]
    via ::,fastethernet0/1
C   1900:3:2:3::/64 [0/0]
    via ::,fastethernet0/0
L   1900:3:2:3::1/128 [0/0]
    via ::,fastethernet0/0
```

```
L   FF00::/8[0/0]
    via ::, Null0
```

（4）设计网络拓扑结构，配置动态路由实现网络的连通，并自动获取地址。Router2的配置如下：

```
Router2>enable
Router2#conf t
Router2(config)#int fastethernet0/0
Router2(config- if)#ipv6 enable
Router2(config- if)#no shut
Router2(config- if)#ipv6 address 1900:3:2:3::1/64
Router2(config- if)#exit
Router2(config)#int fastethernet0/1
Router2(config- if)#ipv6 enable
Router2(config- if)#no shut
Router2(config- if)#ipv6 address 1900:3:2::2/64
Router2(config- if)#exit
Router2(config)#ipv6 unicast- routing
Router2(config)#ipv6 router rip a2
Router2(config- rtr)#int fastethernet0/0
Router2(config- if)#ipv6 rip a2 enable
Router2(config- if)#int fastethernet0/1
Router2(config- if)#ipv6 rip a2 enable
```

Router1 的配置与 Router2 的配置类似。

自动获取 PC2 的 IPv6 地址，如图 3-18 所示。

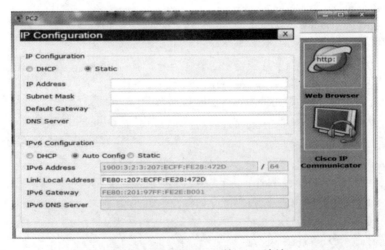

图 3-18　自动获取 PC2 的 IPv6 地址

通过 show ipv6 route 查看路由配置情况，如下：

```
Router2(config)#do sh ipv6 route
IPv6 Routing Table -  7 entries
```

```
Codes: C -  Connected, L -  Local, S -  Static, R -  RIP, B -  BGP
    U -  Per- user Static route, M -  MIPv6
    I1 -  ISIS L1, I2 -  ISIS L2, IA -  ISIS interarea, IS -  ISIS summary
    O -  OSPF intra, OI -  OSPF inter, OE1 -  OSPF ext 1, OE2 -  OSPF ext 2
    ON1 -  OSPF NSSA ext 1, ON2 -  OSPF NSSA ext 2
    D -  EIGRP, EX -  EIGRP external
C   1900:3:2::/64 [0/0]
    via ::,fastethernet0/1
L   1900:3:2::2/128 [0/0]
    via ::,fastethernet0/1
R   1900:3:2:1::/64 [120/2]
    via FE80::210:11FF:FE99:3602,fastethernet0/1
R   1900:3:2:2::/64 [120/2]
    via FE80::210:11FF:FE99:3602,fastethernet0/1
C   1900:3:2:3::/64 [0/0]
    via ::,fastethernet0/0
L   1900:3:2:3::1/128 [0/0]
    via ::,fastethernet0/0
L   FF00::/8 [0/0]
    via ::, Null0
Router(config)#
```

六、小结

通过本实验的练习,让学生掌握 IPv6 地址、静态路由和动态路由的配置。

七、思考与练习

(1)IPv6 的地址配置方式有哪些?

(2)IPv6 地址分为哪几类?

第 4 章　服务器实验

本章主要关注应用层的各类服务器的配置与应用,包括 DNS 服务器的配置与应用、FTP 服务器的配置与应用、Web 服务器的配置与应用、DHCP 服务器的配置与应用以及邮件服务器的配置与应用。在此基础上,本章还提供了关于各类服务器的一个设计型综合实验,让学习者全面掌握服务器的配置过程。通过本章的学习,学习者能在局域网环境中轻松配置一个以实际单位应用为驱动的各类服务集群,搭建较为完整的局域网应用。

实验十六　DNS 服务器的配置与应用

一、实验目的

　　(1) 了解 DNS 的工作原理;
　　(2) 掌握 Windows 2003 Server 操作系统中 DNS 组件的安装;
　　(3) 掌握 Windows 2003 Server 操作系统中 DNS 服务的配置方法。

二、实验内容

　　(1) 在 Windows 2003 Server 操作系统中安装 DNS 组件;
　　(2) 配置 DNS 服务器;
　　(3) 实现地址解析(包括正向解析和反向解析)。

三、实验仪器及环境

　　(1)PC 2 台;
　　(2)交换机 1 台;
　　(3)Windows 2003 Server 系统软件及 DNS 服务组件。

四、实验原理

　　DNS(Domain Name System,域名系统)是 Internet 上作为域名与 IP 地址映射的一个分布式数据库,能够让用户更方便地访问互联网。通过主机名,获取与之相对应的 IP 地址的过程叫域名解析(或主机名解析)。DNS 协议运行在 UDP 上,使用端口号 53。
　　主机名与 IP 地址的映射方式包括静态映射和动态映射。静态映射是指在每台设备上都配置主机到 IP 地址的映射,各设备独立维护自己的映射表,且只供本设备使用。动态映射是指建立一套域名解析系统,只在专门的 DNS 服务器上配置主机到 IP 地址的映射,网络上的主机需要到 DNS 服务器查询主机所对应的 IP 地址。解析域名时,可以先采用静态域名解析的方法,如果静态域名解析不成功,再采用动态域名解析的方法。可以将一些常用的域名放入静态域名解析表中,这样可以大大提高域名解析的效率。更多 DNS 的原理知识请参考相关教材。

五、实验步骤

1. Windows 2003 Server 操作系统中 DNS 组件的安装

在 Windows 2003 Server 中,安装 DNS 组件需要系统安装盘。可以按照以下方法来安装:

(1)选择"开始"→"控制面板",打开"控制面板"窗口。

(2)双击"添加/删除程序"图标,打开"添加/删除程序"窗口。

(3)单击"添加/删除 Windows 组件"按钮,打开"Windows 组件"窗口。

(4)在"组件"列表框中选择"网络服务",单击"详细信息"按钮,打开"网络服务"窗口,如图 4-1 所示。

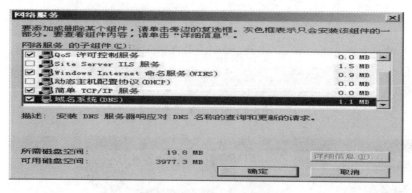

图 4-1 "网络服务"对话框

(5)在"网络服务的子组件(C)"列表中选择"域名系统(DNS)"选项,然后单击"确定"按钮,关闭"网络服务"对话框。

(6)在"Windows 组件"窗口中单击"下一步"按钮,系统开始安装 DNS 组件,安装过程中可能会提示装入 Windows 2003 Server 系统安装盘或选择路径。

(7)安装完成后,即可使用。

2. Windows 2003 Server 操作系统中 DNS 服务的配置

安装好 DNS 组件后,即可对 DNS 服务进行配置。

(1)设置域名系统属性。

①选择"开始"→"程序"→"管理工具"→"DNS",打开 DNS 控制台。

②右击需要设置属性的域名服务器,在弹出的快捷菜单中选择"属性",打开域名系统属性窗口,如图 4-2 所示。

③在域名系统属性窗口中,共有"接口"、"转发器"、"高级"、"根提示"、"调试日志"、"事件日志"、"监视"7 个选项卡,可分别对域名系统的相关属性进行设置。

(2)新建区域。

①右击 DNS 控制台中相应的域名服务器,在弹出的快捷菜单中选择"新建区域",打开"新建区域向导"窗口,单击"下一步"按钮。

②从"主要区域"、"辅助区域"、"存根区域"中选择一种作为新区域的类型,如图 4-3 所示,然后单击"下一步"按钮。

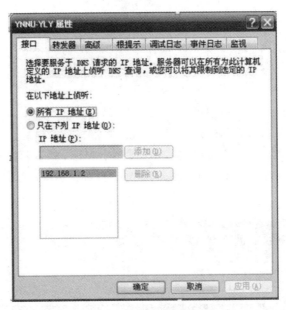

图 4-2　域名系统属性窗口

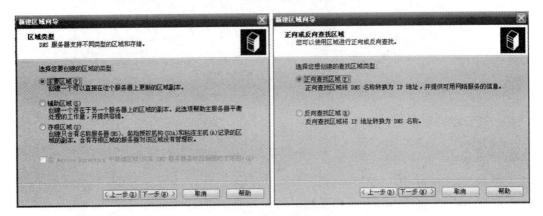

图 4-3　DNS 区域类型

③选择新查找区域的类型,可以是正向查找区域或反向查找区域,然后单击"下一步"按钮。

④输入新区域的名称(域名),然后单击"下一步"按钮,如图 4-4 所示。

⑤选择"创建新的区域文件"或"复制区域文件",然后单击"下一步"按钮。

⑥单击"完成"按钮,结束新区域的创建。

(3)设置查找区域属性。

①右击控制台中需要设置属性的查找区域,在弹出的快捷菜单中选择"属性",打开查找区域属性窗口,如图 4-5 所示。

②查找区域属性窗口中共有"常规"、"起始授权机构(SOA)"、"名称服务器"、"WINS"、"区域复制"5 个选项卡,可分别对查找区域的各种属性进行设置。

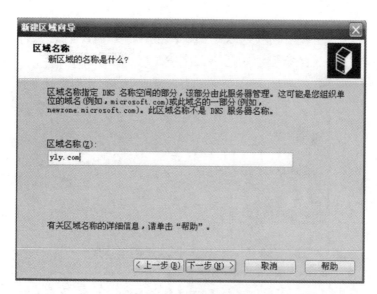

图 4-4　新建区域名称

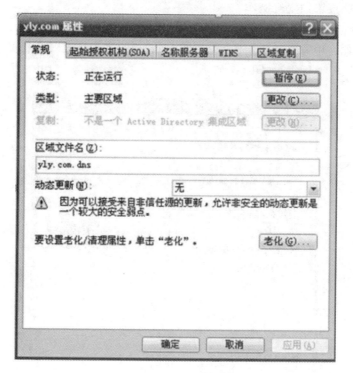

图 4-5　查找区域属性

(4)新建主机。

①右击控制台中需要新建主机的查找区域,在弹出的快捷菜单中选择"新建主机",打开"新建主机"对话框,如图 4-6 所示。

②在"新建主机"对话框中输入主机名称及主机的 IP 地址,单击"添加主机"按钮。

图 4-6 "新建主机"对话框

③继续或完成添加主机操作。

(5)新建别名。

①右击控制台中需要新建主机的查找区域,在弹出的快捷菜单中选择"新建别名",打开"新建资源记录"对话框,如图 4-7 所示。

图 4-7 "新建资源记录"对话框

②在"新建资源记录"对话框中输入别名,然后输入或选择目标主机完全合格的名称,单击"确定"按钮。

(6)启动/停止 DNS 服务。

右击控制台中的 DNS 服务器,在弹出的快捷菜单中选择"所有任务"→"启动/停止",即可启动/停止 DNS 服务。

3. DNS 客户端的设置

DNS 客户端的设置比较简单,具体过程如下。

(1)选择"开始"→"设置"→"控制面板"→"网络与拨号连接"。

(2)双击"本地连接",在弹出的对话框中单击"属性"按钮,打开本地连接窗口。

(3)选择"Internet 协议(TCP/IP)",单击"属性"按钮,选择"使用下面的 DNS 服务器地址",输入前面配置的 DNS 服务器地址,单击"确定"按钮,如图 4-8 所示。

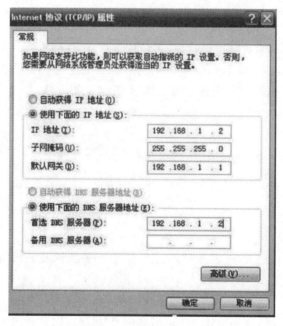

图 4-8　设置 DNS 客户端

4. DNS 服务测试

DNS 解析服务是否配置成功,可通过正向解析和反向解析进行测试。

正向解析:Ping 域名,若能解析为相应的 IP,则说明 DNS 服务器的正向解析成功。

反向解析:nslookup ip,若能解析出相应 IP 对应的域名,则说明 DNS 服务器的反向解析成功。

六、小结

通过本实验的练习,让学生掌握在 Windows 2003 Server 操作系统中安装、配置和使用 DNS 服务的基本方法,重点在于以下几个方面。

(1) DNS 组件的安装。

(2) 新建查找区域,设置查找区域的属性。

(3) 新建主机和别名。

七、思考与练习

(1)DNS 服务器是如何工作的?

(2)DNS 服务器中不同查找区域的作用有何区别?

(3)主机和别名分别指什么? 有什么区别?

实验十七　FTP 服务器的配置与应用

一、实验目的

(1)了解 FTP(文件传输协议)的原理;

(2)掌握 Windows 2003 Server 操作系统中 FTP 组件的安装;

(3)掌握 Windows 2003 Server 操作系统中 FTP 服务器的配置方法;

(4)了解基于软件的 FTP 服务器的安装、配置与使用方法。

二、实验内容

在 Windows 2003 Server 操作系统中安装 FTP 组件并配置 FTP 服务器。

三、实验仪器及环境

(1)PC 2 台;

(2)交换机 1 台;

(3)Windows 2003 Server 系统软件、IIS、FTP 服务组件及 FTP 软件(如 Serv-U)。

四、实验原理

由于 FTP 依赖 Microsoft Internet 信息服务 (IIS),因此计算机上必须安装 IIS 和 FTP 服务。若要安装 IIS 和 FTP 服务,请按照下列步骤进行操作。(注意:在 Windows Server 2003 中,安装 IIS 时不会默认安装 FTP 服务。如果已在计算机上安装了 IIS,则必须使用"控制面板"中的"添加或删除程序"工具安装 FTP 服务。)

(1)单击"开始",选择"控制面板",然后单击"添加或删除程序"。

(2)单击"添加/删除 Windows 组件"。

(3)在"组件"列表中,单击"应用程序服务器",单击"Internet 信息服务 (IIS)"(注意不要选中或清除复选框),然后单击"详细信息"。

(4)选中文件传输协议(FTP)服务进行安装如图 4-9 所示。

(5)单击"完成"按钮。IIS 和 FTP 服务便安装成功。

五、实验步骤

在 Windows 2003 Server 系统中安装 FTP 服务器组件以后,用户只需进行简单的设置即可配置一台常规的 FTP 服务器,操作步骤如下。

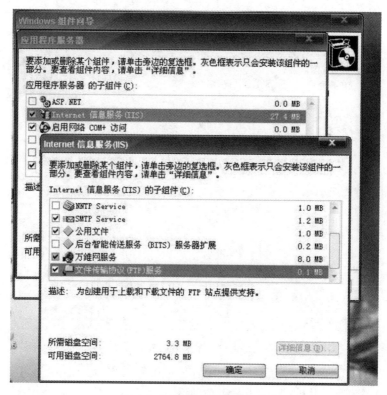

图 4-9　FTP 服务器组件安装

　　(1)在"开始"菜单中依次单击"管理工具"→"Internet 信息服务(IIS)管理器"菜单项，打开"Internet 信息服务(IIS)管理器"窗口。在左窗格中展开"FTP 站点"目录，右击"新建"→"FTP 站点"，如图 4-10 所示。

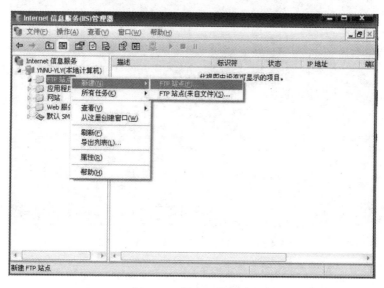

图 4-10　新建 FTP 站点

（2）根据向导完成 FTP 站点的基本配置，并配置其站点名称，如本例中配置为 lianglijia.com，如图 4-11 所示。

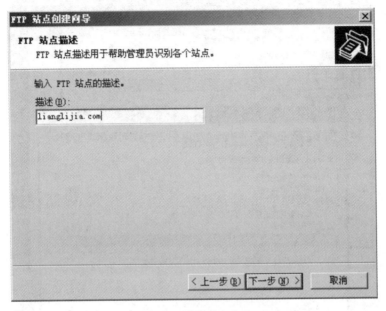

图 4-11　配置站点名称

（3）配置站点 IP 地址和 TCP 端口，如本例中配置的 IP 地址为 192.168.2.70，TCP 端口为 21，也可配置为其他端口，如图 4-12 所示。

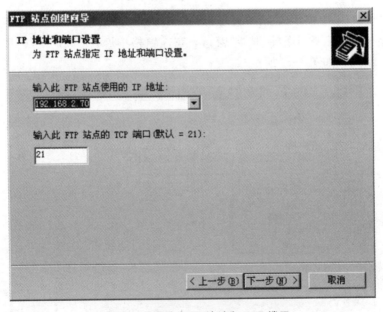

图 4-12　配置站点 IP 地址和 TCP 端口

（4）配置其用户隔离属性，如图 4-13 所示。

（5）配置站点主目录，如图 4-14 所示。

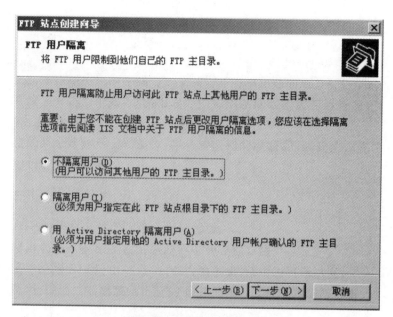

图 4-13　用户隔离属性

图 4-14　配置站点主目录

（6）配置站点访问权限，可为简单的读取权限，也可为读取和写入权限，如图 4-15 所示。

至此，一个 FTP 站点就建立起来了，同时也可通过属性设置来做站点的各个选项设置。

（7）设置 FTP 站点（lianglijia.com）的属性：在左窗格中展开"FTP 站点"目录，右击"lianglijia.com"，并选择"属性"。

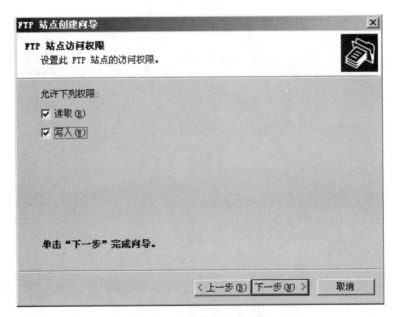

图 4-15　配置站点访问权限

①FTP 站点的设置。描述设为 lianglijia.com；IP 地址设为 192.168.2.70；TCP 端口设为 21，如图 4-16 所示。

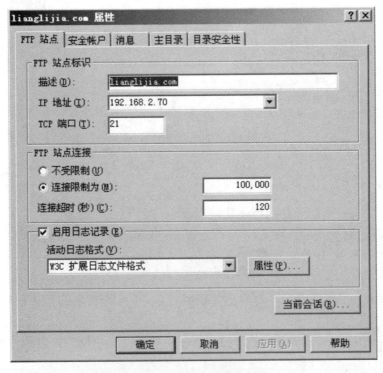

图 4-16　FTP 站点的基本属性

②安全账户的设置。如图 4-17 所示，单击"浏览"按钮，选择已在"计算机管理"中建

立的用户名,输入密码,单击"应用"按钮,再次输入密码,取消勾选"允许匿名连接",单击"确定"按钮。

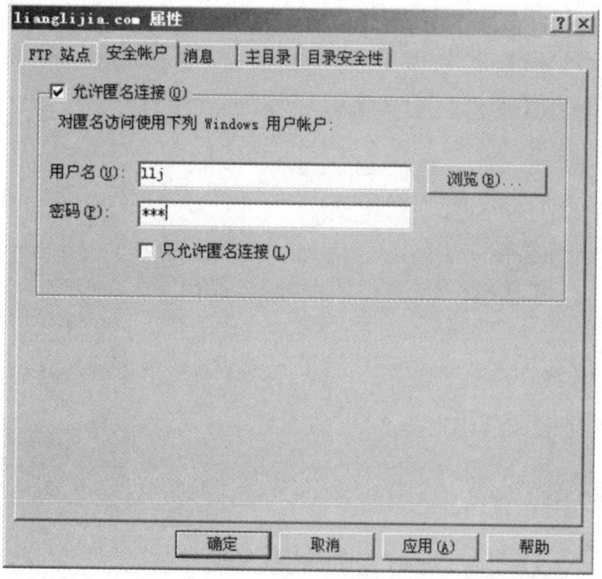

图 4-17　安全账户设置

③消息的设置。可在"消息"选项卡中为 FTP 站点设置标题、欢迎词、退出时的提示语等,如图 4-18 所示。

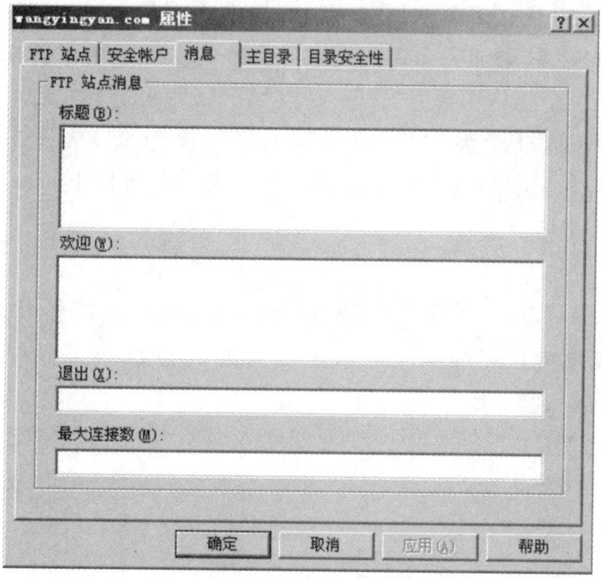

图 4-18　消息设置

④主目录的设置。在"主目录"选项卡中可以更改 FTP 所能访问的主目录,只需单击"浏览"按钮,再在本地计算机磁盘上选择某个文件夹即可,如选择 F 盘中的文件夹(lianglijia 的文件夹),单击"确定"按钮。

⑤目录安全性的设置。在"目录安全性"选项卡中可以选择拒绝某一计算机或某一组计算机的访问，或者接受某一计算机或某一组计算机的访问：通过选中"拒绝访问"或"接受访问"，单击"添加"按钮，如图 4-19 所示，在打开的"授权访问"对话框中选中"一台计算机"或"一组计算机"单选框，再单击"确定"按钮实现。

图 4-19　目录安全性设置

可在一台计算机上建立多个 FTP 站点，则根据不同的 IP 地址或不同的端口来建立不同的 FTP 站点，如若需添加一个新的站点 llj.com，IP 地址可设为 192.168.2.70，端口号可设为 23。仅需在左窗格中展开"FTP 站点"目录，右击选择"新建"→"FTP 站点"，将名称设为 llj.com，IP 地址设为 192.168.2.70，端口设为 23，选择"不隔离用户"，选择FTP 站点主目录，勾选"读取"与"写入"，完成设置（其他步骤同上）。

六、小结

通过本实验的练习，让学生掌握在 Windows 2003 Server 操作系统中安装、配置和使用 FTP 服务器的基本方法和过程，重点在于以下几个方面。

(1) FTP 组件的安装；
(2) 新建 FTP 站点；
(3) 设置访问权限。

七、思考与练习

(1)FTP 服务器是如何工作的？
(2)简述 FTP 匿名访问和带访问权限的不同点。
(3)设置访问权限时应注意什么？
(4)扩展练习：基于 FTP 应用软件安装 FTP 服务器(如 Serv-U)。

实验十八　Web 服务器的配置与应用

一、实验目的

(1)了解万维网(WWW)的原理和作用；

(2)了解 Web 服务的原理；

(3)掌握 Windows 2003 Server 操作系统中 Web 服务器组件的安装与配置方法；

(4)了解其他操作系统中安装和配置 Web 服务的方法。

二、实验内容

在 Windows 2003 Server 操作系统中安装 Web 服务器组件并配置 Web 服务器。

三、实验仪器及环境

(1)PC 2 台；

(2)交换机 1 台；

(3)Windows 2003 系统软件、IIS 及 Web 服务组件。

四、实验原理

万维网(World Wide Web,WWW)也称 Web,它是一个大规模联机式信息储藏所。万维网采用超链接的方法从 Internet 上的一个站点访问另一个站点,从而获取丰富的信息。万维网最初是 CERN(欧洲核子研究组织)的科学家们为了让分散在世界各地的研究小组能够快速地共享最新的研究信息而提出的一套解决方案。它是一种基于超文本方式的信息查询工具,通过这种超文本的方式把全世界 Internet 上不同地点的相关信息有机地结合起来,并提供一种在信息网络内从一个网页迅速转移到另一个网页的手段。万维网的出现使 Internet 从仅由少数计算机专家使用变为普通人也能利用的信息资源,使网站数按指数规律增长,是 Internet 发展中一个非常重要的里程碑。Internet 上的 Email、Telnet、FTP、WAIS 等功能都可以通过万维网实现。

本实验在 Windows 2003 Server 上安装、管理 Web 服务器,并通过在客户机上的浏览器对 Web 服务器进行访问,加强对万维网服务与相关网络原理、协议及相关技术的掌握,同时熟练掌握涉及万维网网络管理方面的技术、技能,为今后的网络管理、网络开发应用打下良好基础。

五、实验步骤

1. 安装 Web 服务器组件

通过在添加/删除 Windows 组件中添加 Internet 信息服务的子组件进行安装,如图 4-20 所示。

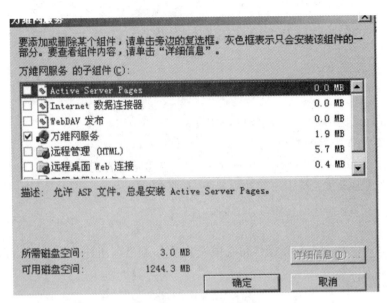

图 4-20　Web 服务组件

2. 配置 Web 服务器

通过管理工具下的 Internet 信息服务(IIS)管理器对 IIS 及其 Web 站点进行配置,如图4-21所示。打开"默认网站 属性"对话框可以对网站、性能、ISAPI 筛选器、主目录、文档、目录安全性、HTTP 头、自定义错误进行设置。

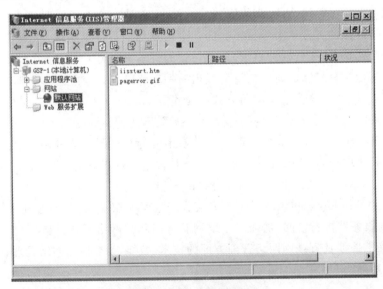

图 4-21　Web 服务器配置

在"默认网站 属性"窗口中,网站标识包括描述、IP 地址、TCP 端口、SSL 端口;连接中既可设置连接超时的限制秒数以及是否启用日志记录,又包括日志记录的相关设置,如图 4-22 所示。

在性能属性中,可以限制网站使用的网络带宽,也可以限制网络客户的连接数。

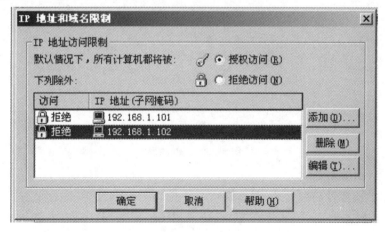

图 4-22　网站属性

在 ISAPI 筛选器属性中,可以添加 ISAPI 筛选器并对这些 ISAPI 筛选器进行编辑、禁用、删除等。

在主目录属性中,可以设置此资源的内容来自哪台计算机,还可以对应用程序进行设置,包括应用程序名、开始位置、执行权限、应用程序池等。

在文档属性中,可以添加、删除默认内容文档并安排它们使用的顺序,还可以启用文档页脚。

在目录安全性属性中,可以对 IP 地址和域名进行限制,可以对身份验证及安全通信进行设置,如图 4-23 所示。

图 4-23　权限设置(授权或拒绝)

在 HTTP 头属性中,可以自定义 HTTP 头,启用内容过期、内容分级,以及在 MIME 类型列表中配置更多文件扩展名。

在自定义错误属性中,可以通过服务器上的绝对 URL 或指向某个文件的指针自定义 HTTP 错误消息,如图 4-24 所示。

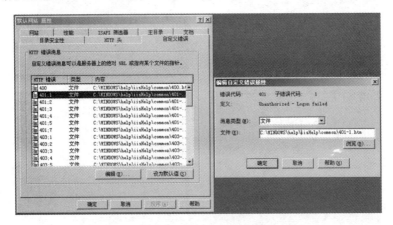

图 4-24　HTTP 头设置

默认情况下,IIS 只为静态内容提供服务。所以,在对各 Web 的相关属性进行设置后,还需要在服务器扩展中启用 Web 扩展中的相关服务,使 ASP、ASP. NET、服务器端的包含文件、WebDAV 发布和 FrontPage® Server Extensions 等能够正常工作,如图 4-25所示。

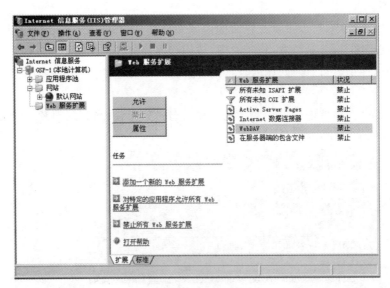

图 4-25　Web 扩展

3. 测试 Web 服务器

完成 Web 服务器的配置后,在客户机上打开 Internet Explorer 浏览器。在地址框中输入 http://"服务器 IP",如果出现"欢迎使用 IIS X. X"的页面,则 Web 服务器安装成功。

4. 在一台服务器上设置多个 Web 站点

首先为新建 Web 站点建立文件夹,然后按以下方法完成创建。

方法一:修改 TCP 端口。在 Internet 信息服务窗口中选定主机名 GSP-1 后新建 Web 站点,按照 Web 站点创建向导的操作修改默认端口号 80 为 1100。

方法二:修改 IP 地址。首先为服务器的网卡设置多个 IP 地址。在 Internet 协议 (TCP/IP)属性对话框的高级 TCP/IP 设置面板中添加新的 IP 地址、子网掩码,确定后就可完成新 IP 地址与网卡的绑定。在 Internet 信息服务窗口中选定主机名 GSP-1 后新建 Web 站点,按照 Web 站点创建向导的操作修改原 IP 地址为新的 IP 地址即可。

当 DNS 设置已正常时也可使用主机头的方法进行设置。(略)

方法三:使用 iisweb.vbs 命令行脚本添加网站。在命令提示符中键入:

```
cscript iisweb.vbs /create 目录名 "站点名" /i IP 地址 /b 端口
```

例如,下面的命令可在 IP 地址为 192.168.1.67 的端口 80 上创建并启动一个名为 www.abc.com、主目录为 E:\ghq 的站点:

```
cscript iisweb.vbs /create e:\abc "www.abc.com" /i 192.168.1.67 /b 80。
```

六、小结

安装一台 Web 服务器和一台客户机,在服务器上建立 Web 站点并制作自己的主页。在客户机上对服务器中的网站进行访问。

七、思考与练习

(1)HTTP 包括哪几类报文?

(2)HTTP 协议中的请求报文由哪几部分组成?

(3)状态行包括哪几项内容?

(4)响应报文中的状态码分为几个大类?

(5)万维网客户程序与万维网服务器程序之间的交互使用什么传送协议?

(6)利用 IIS 构建 Web 服务器,如何将服务器的 IP 地址设置为 192.168.1.100?

(7)利用 IIS 构建 Web 服务器,如何将站点的默认文档更改为 index.html?

实验十九　DHCP 服务器的配置与应用

一、实验目的

(1)了解动态地址配置及 IP 参数设置的原理和作用;

(2)了解动态地址配置协议及 DHCP;

(3)掌握 Windows 2003 Server 操作系统中 DHCP 服务器组件的安装与配置方法。

二、实验内容

(1)在 Windows 2003 Server 操作系统中安装 DHCP 服务器组件及配置 DHCP 服务器;

(2)客户机动态获取地址及其相关参数。

三、实验仪器及环境

(1)PC 2~3 台；

(2)交换机 1 台；

(3)Windows 2003 系统软件及 DHCP 服务器组件。

四、实验原理

动态主机配置协议(Dynamic Host Configuration Protocol,DHCP)提供了一种机制，称为即插即用联网。这种机制允许一台计算机加入新的网络时自动获取 IP 地址，并能自动回收离开网络的计算机的 IP 地址。该机制动态为网络中的计算机分配和回收不用的 IP 地址。由于包含 IP 地址的相关 TCP/IP 配置参数是 DHCP 服务器"临时发放"给客户端使用的，所以当客户机断开与服务器的连接后，它具备的 IP 地址会被释放并可以再分配给其他客户机使用，以实现 IP 地址的重用，这就让 IP 地址资源得到了充分利用。DHCP 对运行客户软件和服务器软件的计算机都是适用的。DHCP 除了能动态设定 IP 地址外，还可以将一些 IP 地址固定保留下来给一些特殊用途的机器使用，例如，为运行服务器软件位置而固定的计算机指派一个永久地址，当该计算机重启时其 IP 地址不会发生变化。

DHCP 可以按照硬件地址来固定分配 IP 地址，同时还可以帮助客户端指定 router、netmask、DNS Server、WINS Server 等。

1. 协议配置

为了将软件协议做成通用的和便于移植的，软件协议的编写者不会将所有的细节都固定，而会将软件协议参数化。这使得在很多不同的计算机上使用同一个经过编译的二进制代码成为可能。一台计算机和其他计算机的区别可以通过不同的参数来体现。在软件协议运行之前，需要对参数赋值。在软件协议中给这些参数赋值的动作叫协议配置。连接 Internet 的计算机的软件协议需要配置的项目包括 IP 地址、子网掩码、默认路由器的 IP 地址和域名服务器的 IP 地址。

2. DHCP

DHCP 使用客户服务器方式，需要 IP 地址的主机在启动时就向 DHCP 服务器发送广播报文(目的地址置为全1)，这时该主机就成为 DHCP 客户，发送广播报文是因为现在还不知道 DHCP 服务器在什么地方，并且该主机目前还没有自己的 IP 地址，因此它将 IP 数据报的源 IP 地址设为全 0。这样，在本地网络上的所有主机都能够收到这个广播报文，但只有 DHCP 服务器才对此广播报文进行应答。DHCP 服务器先在其数据库中查找该计算机的配置信息，若找到，则返回找到的信息；若找不到，则从服务器的 IP 地址池中取一个地址分配给该计算机。DHCP 服务器发出一个应答(提供)报文，表示"提供"了 IP 地址等配置信息。

DHCP 服务器分配给 DHCP 客户的 IP 地址是临时的，因此 DHCP 客户只能在一段有限的时间(租用期)内使用已得到的 IP 地址。DHCP 客户使用的 UDP 端口是 68。

DHCP 服务器使用的 UDP 端口是 67。

DHCP 的工作过程如下。

(1)DHCP 服务器被动打开 UDP 端口 67,等待客户端发来的报文。

(2)DHCP 客户从 UDP 端口`68 发送 DHCP 发现报文 DHCPDISCOVER。

(3)凡收到 DHCP 发现报文的 DHCP 服务器都发出 DHCP 提供报文 DHCPOFFER。

(4)DHCP 客户从几个 DHCP 服务器中选择一个,并向该 DHCP 服务器发送 DHCP 请求报文 DHCPREQUEST。

(5)DHCP 服务器发送 DHCP 确认报文 DHCPACK。DHCP 客户端的 IP 地址和硬件地址完成绑定,并可以开始使用得到的 IP 地址。

(6)租用期过了一半,DHCP 客户发送 DHCP 请求报文 DHCPREQUEST 要求更新租用期。

(7)DHCP 服务器若同意,则发送 DHCP 确认报文 DHCPACK,给 DHCP 客户新的租用期;DHCP 服务器若不同意,则发送 DHCP 否认报文 DHCPNACK,DHCP 客户被中止使用原来的 IP 地址,必须回到第(2)步重新申请 IP 地址;DHCP 服务器若不响应客户的请求报文 DHCPREQUEST,则当租用期过了 87.5% 时,回到第(6)步。

(8)DHCP 客户可随时向 DHCP 服务器发送 DHCP 释放报文 DHCPRELEASE 以中止服务器所提供的租用期。

五、实验步骤

1. Windows 2003 Server 操作系统中 DHCP 组件的安装

在 Windows 2003 Server 中,DHCP 组件是默认安装的。如果没有安装,可以按照以下方法安装 DHCP 组件(需要先安装 Active Directory 组件)。

(1)选择"开始"→"控制面板",打开"控制面板"窗口。

(2)双击"添加/删除程序"图标,打开"添加/删除程序"窗口。

(3)单击"添加/删除 Windows 组件"按钮,打开"Windows 组件向导"窗口。

(4)在"组件"列表框中选择"网络服务",单击"详细信息"按钮,打开"网络服务"对话框,如图 4-26 所示。

(5)在"网络服务的子组件"列表中选择"动态主机配置协议(DHCP)"选项,然后单击"确定"按钮,关闭"网络服务"对话框,如图 4-27 所示。

(6)在"Windows 组件向导"窗口中单击"下一步"按钮,开始安装 DHCP 组件,安装过程中选择"继续"。

(7)安装完成后,DHCP 组件就可以使用了。

2. 授权 DHCP 服务器

在 Windows 2003 Server 操作系统中,DHCP 服务器必须先被授权后才能提供服务,未经授权的 DHCP 服务器会被视为不合法的服务器,系统会强制停止其服务,不会响应客户端的请求。授权 DHCP 服务器的过程如下。

(1)选择"开始"→"程序"→"管理工具"→"DHCP",打开 DHCP 控制台。

(2)右击需要授权的 DHCP 服务器,在弹出的菜单中选择"管理授权的服务器",打开

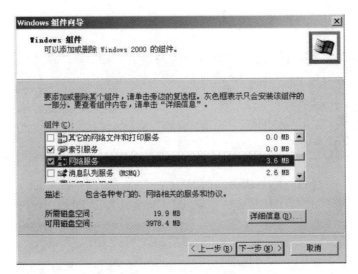

图 4-26 Windows 组件安装向导

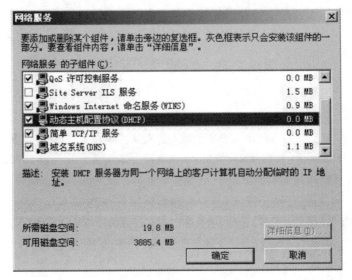

图 4-27 安装 DHCP 组件

"管理授权的服务器"对话框,如图 4-28 所示。

（3）单击"授权"按钮,打开"授权 DHCP 服务器"对话框,在"名称"或"IP 地址"文本框中输入要授权 DHCP 服务器的名称或 IP 地址。

（4）单击"确定"按钮,在弹出的 DHCP 对话框中显示被授权的 DHCP 服务器的名称和地址。

（5）单击"是"按钮,关闭消息对话框,被授权的服务器就被添加到"管理授权的服务器"对话框的列表中。

（6）单击"关闭"按钮,关闭"管理授权的服务器"对话框。

3. Windows 2003 Server 操作系统中 DHCP 服务的配置

安装完 DHCP 组件并完成授权后,就可以对 DHCP 服务进行配置了。

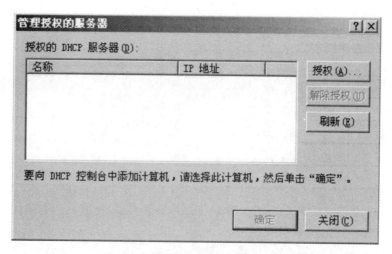

图 4-28　"管理授权的服务器"对话框

(1)创建作用域。

①选择"开始"→"程序"→"管理工具"→"DHCP",打开 DHCP 控制台。

②在 DHCP 控制台中选择需要创建作用域的 DHCP 服务器。

③右击需要创建作用域的 DHCP 服务器,选择"新建作用域",启动"新建作用域向导",打开"新建作用域向导"窗口。

④单击"下一步"按钮。

⑤输入作用域的名称和描述,如"yly"、"ip 地址分配",单击"下一步"按钮,如图 4-29 所示。

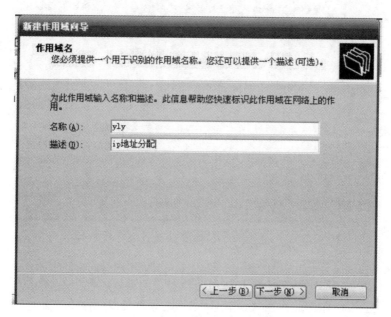

图 4-29　作用域的名称和说明

⑥输入 IP 地址范围的起始地址、结束地址和子网掩码,如图 4-30 所示。

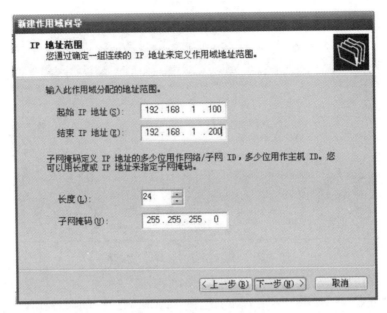

图 4-30　指定 IP 地址范围

⑦排除指定范围中不分配的 IP 地址，如图 4-31 所示。

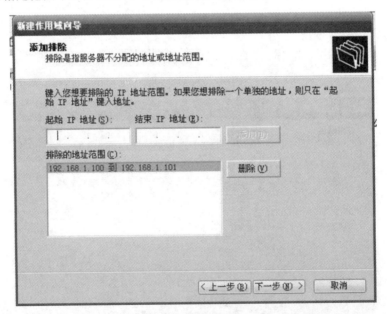

图 4-31　排除 IP 地址

⑧确定租约期限，如图 4-32 所示。

⑨对默认网关、DNS 服务器、WINS 服务器等选项进行配置。

⑩选择是否马上激活此作用域，作用域激活之后就可以使用了。

(2)激活作用域。

要激活作用域，可以在 DHCP 控制台中选中准备激活的作用域，并选择"操作"→"激

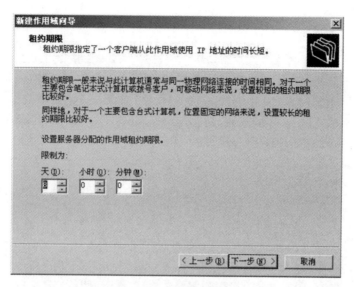

图 4-32　确定租约期限

活"即可。当选定作用域已经激活时,菜单选项改为"停用",可以停用作用域。

(3)修改作用域的属性。

在 DHCP 控制台中选中要修改属性的作用域,然后选择"操作"→"属性"菜单,打开"作用域[192.168.1.0]yly 属性"对话框,对作用域的属性进行修改,如图 4-33 所示。

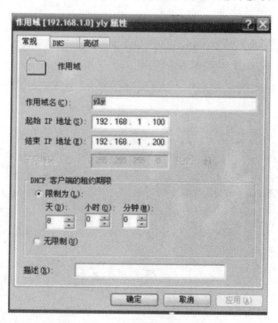

图 4-33　修改作用域的属性

(4)删除作用域。

要删除作用域,可在 DHCP 控制台中右击要删除的作用域,在弹出的快捷菜单中选择"删除"命令。

4. DHCP 客户端的设置

Windows 2003/XP DHCP 客户端的设置十分简单,具体过程如下。

(1)选择"开始"→"设置"→"控制面板"→"网络与拨号连接"。

(2)双击"本地连接",在弹出的对话框中单击"属性"按钮,打开"本地连接"窗口。

(3)选择"Internet 协议(TCP/IP)",单击"属性"按钮,选择"自动获得 IP 地址",如果想使用服务器上配置的 DNS 服务器,则单击"自动获得 DNS 服务器地址",然后单击"确定"按钮,完成设置,如图 4-34 所示。

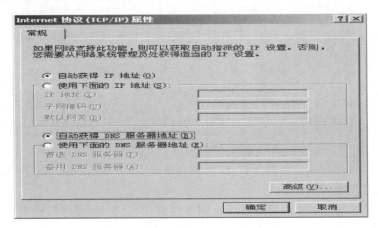

图 4-34　DHCP 客户端设置

5. 获取 IP、DNS、网关

在客户端,观察已获取的 IP、DNS、网关等。

6. 从客户端获取 IP 地址及相关参数

在客户端用 ipconfig 命令观察已获取的 IP、DNS、网关,使用 ipconfig /release 命令和 ipconfig /renew 命令释放原有的 IP 地址并更新 IP 地址,如图 4-35 所示。

图 4-35　从客户端获取 IP 地址及相关参数情况

六、小结

安装一台 DHCP 服务器,并通过客户端对结果进行观察,使用 ipconfig /release 命令和 ipconfig /renew 命令释放原有的 IP 地址并更新 IP 地址。

七、思考与练习

(1)DHCP 服务器的 IP 是静态的还是动态的?

(2)DHCP 需要使用广播方式进行通信吗? 为什么?

(3)DHCP 服务器如何区分没有 IP 的客户机?

(4)为了从 DHCP 服务器上获得一个 IP 地址,DHCP 客户端和服务器之间进行的四次通信分别代表什么样的不同阶段?

(5)什么是 DHCP 中继代理? 它的作用是什么?

(6)在 Windows XP 系统中,针对客户端,Internet 协议(TCP/IP)属性中有一个备用配置也可以配置 IP、DNS 服务器和 WINS 服务器,它的作用是什么?

(7)DHCP 客户从服务器得到的一个 IP 地址的租期可以无限长吗? 为什么?

实验二十　邮件服务器的配置与应用

一、实验目的

(1)了解邮件服务器的基础知识;

(2)熟悉在 Windows 下邮件服务器的安装和配置方法;

(3)掌握常用邮件客户端 Outlook Express 的使用方法。

二、实验内容

(1)邮件服务器的安装、配置、测试;

(2)DNS 服务器邮件交换记录的添加;

(3)邮件账号的创建,收发邮件验证。

三、实验仪器及环境

(1)PC 2 台;

(2)交换机 1 台;

(3)Windows 2003 系统软件。

四、实验原理

1. 邮件服务器简介

邮件服务器如同传统的邮局一样,用来存储和传递电子邮件。邮件服务器通常是邮件服务提供者使用的,是安装了邮件服务软件的专用计算机。邮件服务软件支持相应的邮件传输协议,典型的邮件服务器一般支持 SMTP/POP3 协议,有些还支持通过 Web 页面来提供邮件服务。

2. 常见邮件服务协议

1)SMTP(简单邮件传输协议)

SMTP 是目前用于邮件传输的标志协议,它默认工作于 TCP 端口 25 上,提供识别邮件发送者和邮件目的地,并与目的方建立连接及传输邮件内容等功能。SMTP 协议支持基于 ASCII 字符集的一组命令与应答,可方便在 SMTP 服务器之间交换数据,传送的数据也由 ASCII 码表示。

2)POP3(邮局协议第 3 版)

POP3 规定了邮件客户端连接到邮件服务器及下载邮件的方法,默认工作于 TCP 端口 110 上。POP3 工作在脱机模式下,也就是说,客户端只有使用 POP3 协议下载邮件到本地计算机后才能浏览。与 SMTP 一样,POP3 也提供了一组简单的命令,包括用户验证、邮件列表、下载和删除邮件。POP3 简单、易于部署和使用、服务器资源占用小,是目前应用最广泛的邮件协议,大多数邮件服务器都支持该协议。

3)IMAP4(Internet 消息访问协议)

IMAP4 也是目前较为流行的邮件协议,实现的功能与 POP3 的类似。与 POP3 相比,IMAP4 具备较好的扩展性,客户端可以选择工作在与 POP3 相仿的脱机工作模式下,也可以工作于在线模式和分离模式下。在线模式允许联机浏览邮箱中的邮件,并可以根据需要选择下载邮件的一部分,还允许客户端的本地文件夹与服务器直接进行数据交换。分离模式则允许邮件的几个部分分别存放在服务器和本地计算机中,这样可以更好地实现像群邮件一类的应用。IMAP 是具有前景的协议,但是由于其实现复杂、服务器资源利用率不如 POP3,因此目前的普及程度还不能与 POP3 相比。

五、实验步骤

1. 实验拓扑图的构建

邮件服务器配置的实验拓扑结构如图 4-36 所示。

2. DNS 服务器邮件交换记录的添加

步骤如下。

(1)在服务器上安装 DNS 服务组件,打开 DNS 管理控制台,打开"正向查找区域"新建主要区域如 test.com。

(2)右击"test.com",选择"新建主机",添加 mail.test.com 本机 IP 地址记录。

(3)右击"test.com",选择"新建邮件交换器",浏览 test.com 区域,选择"mail.test.com"记录,单击"确定"按钮建立邮件交换器的连接映射,如图 4-37 所示。

3. 邮件服务器的安装与配置

(1)邮件服务器的安装步骤如下。

点击"开始",选择"管理工具"→"管理你的服务器",出现如图 4-38 所示的界面。

然后单击"添加或删除角色",出现服务器配置向导,选择"邮件服务器(POP3、SMTP)",再单击"下一步"按钮,就出现了配置电子邮件域名的界面,如图 4-39 所示。

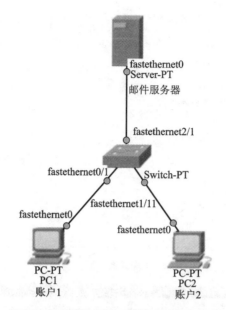

图 4-36　邮件服务器配置的实验拓扑结构

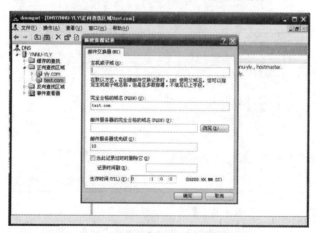

图 4-37　DNS 服务器邮件交换记录的添加

图 4-40 中的电子邮件域名可以填前面在 DNS 服务器中建立的 test.com,然后根据安装向导一直单击"下一步"按钮进行安装即可,如图 4-40、图 4-41 所示。

安装成功后,在服务器管理向导界面就多出一个邮件服务器列表,在右侧选择"管理此应用程序服务器"。

(2)邮件服务器的配置步骤如下。

邮件服务器属性的配置如图 4-42 所示,选择"对所有客户端连接要求安全密码身份验证(SPA)(P)"。

接下来创建和管理邮箱,展开左侧的计算机,出现刚才新建的域名 test.com,再单击"添加邮箱",出现添加邮箱界面,填入邮箱名和密码即可(这里以用户 user001、user002 为例)。对用户邮箱可以进行删除或锁定处理,还可查看未读邮件件数,如图4-43、图4-44 所示。

图 4-38　"管理您的服务器"界面

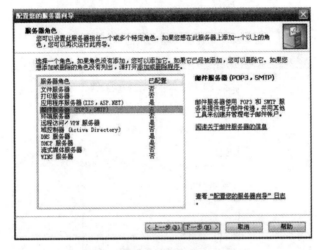

图 4-39　配置电子邮件域名的界面

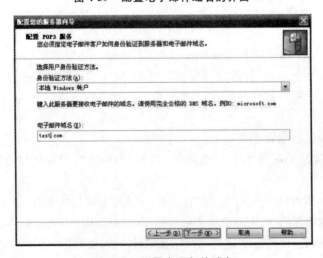

图 4-40　配置电子邮件域名

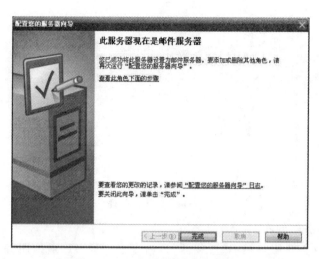

图 4-41　邮件服务器安装成功界面

图 4-42　配置 POP3 服务器

图 4-43　邮箱的创建和管理

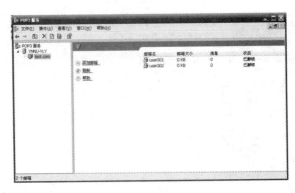

图 4-44　邮箱的管理

(3)SMTP 服务器的管理。

打开 Internet 信息服务(IIS)管理器,单击"默认 SMTP 虚拟服务器",会显示如图 4-45所示的界面。

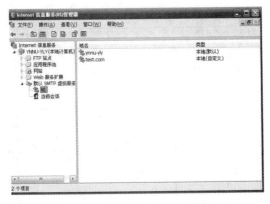

图 4-45　SMTP 虚拟服务器

右击"test.com"域,选择"属性"→"投递目录",单击"确定"按钮,如图 4-46 所示。

图 4-46　建立投递目录

到此,邮件服务器就配置完成了。

4. 邮件客户端的配置

下面对邮件客户软件 Outlook Express 进行配置,找到该软件("开始"→"所有程序"→"Outlook Express"),填写邮件账户。

这里只用注意电子邮件地址:账户名@域名(如 user001@test.com)和 POP3、SMTP 地址(邮件服务器 IP),如图 4-47 所示。

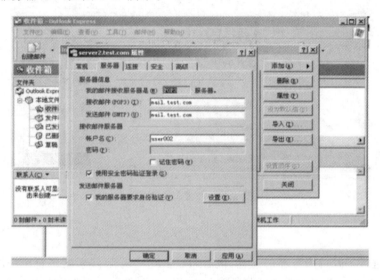

图 4-47　邮件客户端的配置

对服务器的身份验证进行设置,单击图 4-47 中的"设置"按钮,输入登录用户名和密码,选择"使用安全密码验证登录",如图 4-48 所示。

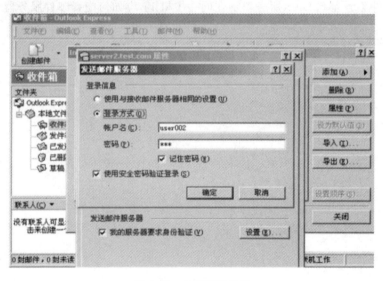

图 4-48　身份验证设置

5. 收发邮件验证

在图 4-49 的窗口中,可以写邮件、接收邮件和查看邮件。可用"账户 1"给"账户 2"发邮件,看是否能收到。

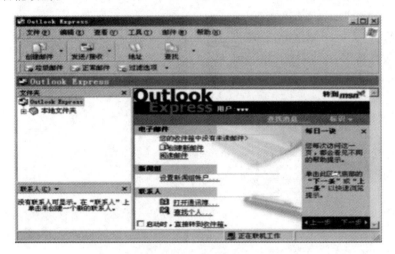

图 4-49　收发邮件测试

六、小结

本实验进行了邮件服务器的配置,最后通过发送一封邮件来测试新建好的邮件服务器的性能,并在客户端使用熟悉的邮件工具 Outlook Express 来收取该邮件。

七、思考与练习

如果邮件服务器和 DNS 服务器不在同一主机上,应如何配置邮件服务器?

第5章 协议分析实验

协议是计算机网络的重要组成部分,TCP/IP 架构中包含每层的典型协议,如应用层的文件传输协议(FTP)、超文本传输协议(HTTP)、动态主机配置协议(DHCP)、简单邮件传输协议(SMTP/POP)、简单网络管理协议(SNMP)等,传输层的 TCP、UDP,网络层的 IP、ARP、ICMP 等。协议分析有助于更深层次地理解计算机的网络体系结构,为后续的深入学习奠定基础。本章介绍网络嗅探工具的使用方法,并选取 TCP/IP、ARP 和动态路由协议 RIP 为典型案例,介绍协议分析的原理、方法、过程及结果。

实验二十一 网络嗅探与 TCP/IP 分析

一、实验目的

(1)熟悉网络嗅探工具 Wireshark 的使用;

(2)进一步掌握 TCP/IP 协议族的原理和封装结构;

(3)了解数据捕获的作用和意义。

二、实验内容

学会使用网络嗅探工具进行网络嗅探与协议分析,具体任务为捕获 ICMP 通信协议包及 TCP 应用层程序在客户端和服务器间响应的过程。

三、实验仪器及环境

(1)PC2 台;

(2)交换机 2 台;

(3)路由器 2 台;

(4)连接线若干。

四、实验原理

1.网络嗅探

网络中处于同一个网段上的所有网络接口都有不同的硬件地址,每个网络还有一个广播地址。正常工作情况下,网络上所有的机器都可以"听"到通过的流量,但对不属于自己的报文则不予响应,为此网络接口应该只响应两种帧:①帧的目标地址和本机网络接口的硬件地址相匹配的帧;②帧的目标区域具有"广播地址"的帧。但如果将网络接口设置为 promiscuous(混杂)工作模式,则网络线路上传送的所有数据都能被侦听。因此,将一台计算机的网卡设置为 promiscuous(混杂)工作模式,则能接收所有以太网上的数据,从而达到实现网络嗅探的目的。

Wireshark 就是一种能将本地 nc 接口设置为 promiscuous(混杂)状态的软件,当

Wireshark 软件将 nc 设置为这种"混杂"方式时,该 nc 具备"广播地址",它对所有流经网络线路上的每一个帧都产生一个硬件中断,以使操作系统接收并处理每一个报文包。Wireshark 工作在网络环境中的底层,能拦截所有正在网络上传送的数据,并且通过软件实时分析这些数据的内容。

通过 Wireshark 分析的内容有以下几类。

(1)数据的来源和去处:主机网络接口地址、远程网络接口 IP 地址、以太网帧存放的实际的用户数据、TCP/IP 的报文头或 IPX 报文头等。

(2)信息协议分析。

(3)分析网络的流量,以便找出网络中潜在的问题。

(4)金融账号:能截获在网上传送的用户姓名、口令、信用卡号码等。

(5)偷窥机密或敏感的信息数据:通过拦截数据包,能方便记录其他人之间的敏感信息的传送,或者拦截整个会话过程。

Wireshark 能实时分析网上的数据,同时它也是一种对安全造成威胁的工具,因为它可以捕获口令,可以截获机密的或专有的信息,也可以用来攻击其他网络,故应用中要提高安全防范意识。

2. TCP/IP 通信协议

Internet 在传输层有两种主要协议:面向连接的协议和面向无连接的协议。传输控制协议(Transmission Control Protocol,TCP)专门用于在不可靠的 Internet 上提供可靠的、面向连接的端对端的字节流通信协议。通过在发送方和接收方分别创建一个称为套接字的通信端口,就能获取 TCP 服务,所有的 TCP 均是全双工的和点到点的连接。

发送方和接收方的 TCP 实体是以数据报的形式交换数据的。关于数据报的大小,有两个限制条件:①每个数据报(包括 TCP 头在内)必须适合 IP 的载荷能力,不能超过65535 字节;②每个网络都有最大传输单元(Maximum Transfer Unit,MTU)的限制,故要求每个数据报必须适合 MTU。若一个数据报的长度大于 MTU,网络边界上的路由器就会把该数据报分解为多个小的数据报。

TCP 实体所采用的基本协议是滑动窗口协议。当发送方传送一个数据报时,它将启动计时器,当该数据报到达目的地后,接收方的 TCP 实体会回送一个数据报,其中包含它希望收到的下一个数据报的确认顺序号。如果发送方的定时器在确认信息到达之前超时,那么发送方会重新发送该数据报。

TCP 数据被封装在一个 IP 数据报中,其报头格式如图 5-1 所示。

源端口、目的端口:16 位,用于标识远端和本地的端口号。

顺序号:32 位,用于标识本报文段中第一个字节的序号。

确认号:32 位,表示希望收到的下一个数据报的序列号。

数据偏移:4 位,用于标识 TCP 报文段的数据起始处距离 TCP 报文段的起始处的偏移量。

URG:紧急比特,用于标识紧急数据需优先发送。

ACK:确认比特。若 ACK 位为 1,表明确认号是合法的;若 ACK 位为 0,表明数据报不包含确认信息,确认字段被省略。

源 端 口	目 的 端 口						
顺 序 号							
确 认 号							
数据偏移	保 留	URG	ACK	PSH	RST	SYN	FIN	窗 口
校 验 和	紧 急 指 针						
可 选 项 (长 度 可 变)	填 充						

图 5-1　TCP 报文

PSH：推送比特。当接收 TCP 收到 PSH＝1 的报文段时，应尽快地交付接收应用进程。

RST：复位比特，用于复位。

SYN：同步比特，用于建立连接。

FIN：终止比特，用于释放连接。

窗口大小：16 位，表示在确认字节之后还能发送多少个字节。

校验和：16 位，是为确保高可靠性而设置的。

可选项：包括最大 TCP 载荷、窗口比例、选择重发数据报等选项。

最大 TCP 载荷：允许每台主机设定其能够接受的最大 TCP 载荷能力；在建立连接期间，双方均声明其最大载荷能力，并选取其中较小的作为标准。如果一台主机未使用该选项，那么其载荷能力默认设置为 536 字节。

窗口比例：允许发送方和接收方商定一个合适的窗口比例因子，以增大窗口的大小。

选择重发数据报：该选项允许接收请求重新发送指定的一个或多个数据报。

五、实验步骤

本实验分为三个部分：认识 Wireshark 的基本功能、利用 Wireshark 截取 ICMP 通信协议包、捕获 TCP 应用层程序在客户端和服务器间的响应过程。

1. Wireshark 的基本功能介绍

实时捕捉数据包是 Wireshark 的特色之一，具备以下特点。

●支持多种网络接口的捕捉（以太网、令牌环网、ATM 等）。

●支持多种机制触发停止捕捉，例如，捕捉文件的大小，捕捉持续时间，捕捉到包的数量等。

●捕捉时显示包解码详情。

●设置过滤，减少捕捉到包的容量。

●长时间捕捉时，可以设置生成多个文件。

（1）使用以下任一方式捕捉包。

●打开捕捉接口对话框，浏览可用的本地网络接口，出现如图 5-2 所示的"Wireshark：Capture Interfaces"对话框，选择你需要进行捕捉的接口。

　●单击"Start"按钮，启动对话框开始捕捉，如图 5-3 所示。

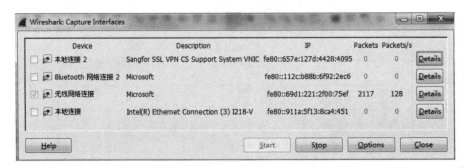

图 5-2 "Wireshark：Capture Interfaces"对话框

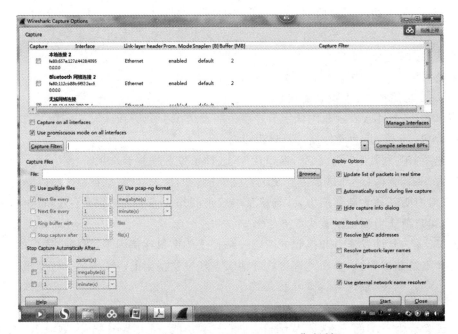

图 5-3 "Wireshark：Capture Options"对话框

●如果前次捕捉时的设置和现在的要求一样，则可以点击"Start"按钮或者菜单项立即开始本次捕捉。

●如果已经知道捕捉接口的名称，就可以使用如下命令从命令行开始捕捉：

    wireshark - i eth0 - k

该命令将从 eht0 接口开始捕捉。

（2）捕捉包的设置。

利用图 5-3 对需捕捉的包进行设置，具体字段设置如下。

Interface 字段用于指定进行捕捉的接口，一次只能使用一个接口。在列表框中，选择需要使用的接口。默认支持捕捉的是 non-loopback（非环回）接口，如果没有此接口，则默认的是环回接口。

IP address 表示选择接口的 IP 地址。如果系统未指定 IP 地址，则会显示为"unknown"。

Buffer size：n megabyte(s)表示输入用于捕捉的缓存大小。该选项是设置写入数据到磁盘前保留在核心缓存中捕捉数据的大小,如果发现包丢失,则应尝试增大该值。

Capture packets in promiscuous mode 在指定 Wireshark 捕捉包时,可设置接口为混杂模式。如果未指定该选项,Wireshark 将只能捕捉计算机中的数据包(不能捕捉整个局域网段的包)。

Limit each packet to n byte 指定捕捉过程中每个包的最大字节数,默认值为 65535。其中 n 表示包的最大字节数,其默认值适用于大多数协议。

Capture Filter 用于指定捕捉过滤,在对话框中输入捕捉过滤字段。捕捉过滤字段的形式为：

> [not] primitive [and|or [not] primitive ...]

例如 tcp port 23 和 host 10.0.0.5 捕捉来自或指向主机 10.0.0.5 的 telnet 通信。

primitive 子句可为如下形式：

①[src|dst] host ⟨host⟩

指定过滤主机的 IP 地址或域名。src|dst 关键字用于指定过滤的是源地址还是目标地址。如果未指定,则指定的地址出现在源地址或目标地址中的包会被抓取。

②ether [src|dst] host ⟨ehost⟩

过滤以太网中的主机 IP 地址或域名,src|dst 关键字的功能同上。

③gateway host ⟨host⟩

过滤通过指定 host 作为网关的包。

④[src|dst] net ⟨net⟩[{mask⟨mask⟩}|{len ⟨len⟩}]

通过网络号进行过滤,可以选择子网掩码或者 CIDR(无类别域形式)。src|dst 关键字的功能同上。

⑤[tcp|udp] [src|dst] port ⟨port⟩

过滤 tcp、udp 及端口号。使用 src|dst 和 tcp|udp 关键字来确定是来自源地址还是目标地址,是 TCP 还是 UDP。

⑥less|greater ⟨length⟩

选择长度符合要求的包(大于等于或小于等于)。

⑦ip|ether proto ⟨protocol⟩

选择指定的协议在以太网层或 IP 层的包。

⑧ether|ip broadcast|multicast

选择以太网/IP 层的广播或多播。

⑨⟨expr⟩ relop ⟨expr⟩

创建一个复杂的过滤表达式,选择字节或字节范围符合要求的包。

(3)处理已经捕捉的包。

①浏览捕捉的包。

当捕捉完成后,或者打开先前保存的包文件时,通过点击包列表面板中的包,可以在包详情面板查看关于这个包的树状结构及字节面板。通过点击左侧的"＋"标记,可以展开树状视图的任意部分。图 5-4 是 Wireshark 选择了一个 TCP 包后的界面,在此浏览窗口可以对包进行分离显示、标记及过滤。

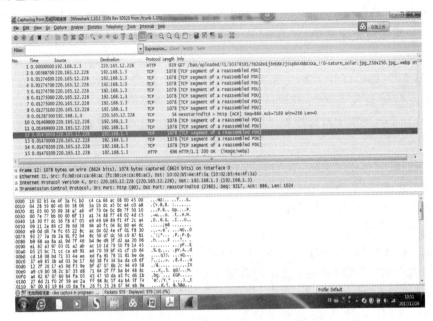

图 5-4　Wireshark 选择了一个 TCP 包后的界面

②查找包。

当捕捉到一些包,或者读取以前存储的包时,能很容易查找所需的信息。从"Edit"菜单中选择"Find Packet...",Wireshark 将会弹出如图 5-5 所示的"Wireshark:Find Packet"对话框,在 Filter 后的输入框中输入字段,选择查找方向即可。例如,查找192.168.0.1发起的三次握手建立连接,可在 Filter 后的输入框中输入字段 ip.addr ＝＝192.168.0.1,tcp.flags.syn。

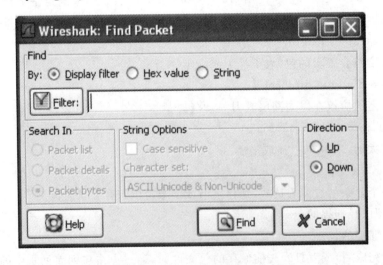

图 5-5　"Wireshark:Find Packet"对话框

（4）统计。

Wireshark 提供了多种网络统计功能，包括载入文件基本信息的统计，对指定协议的统计等。

①"Wireshark：Summary"窗口。

统计当前捕捉文件基本信息的窗口如图 5-6 所示。

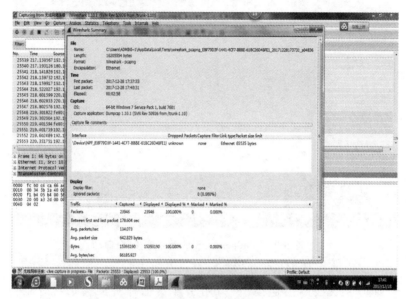

图 5-6　"Wireshark：Summary"窗口

② "Wireshark：Protocol Hierarchy Statistics"窗口。

显示捕捉包的分层信息的窗口如图 5-7 所示。

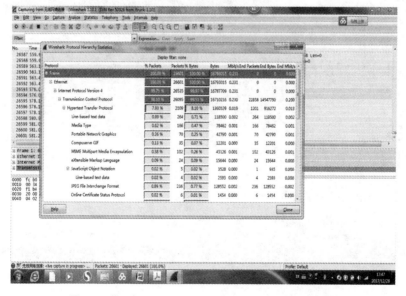

图 5-7　"Wireshark：Protocol Hierarchy Statistics"窗口

③"Endpoints：无线网络连接"窗口。

"Endpoints：无线网络连接"窗口用于显示端点捕捉的统计信息，如图 5-8 所示。

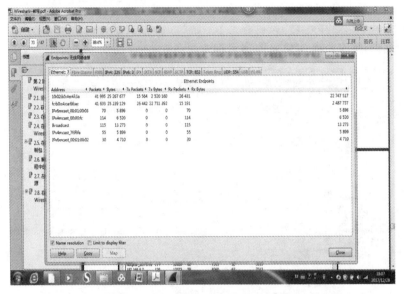

图 5-8 "Endpoints：无线网络连接"窗口

④"Conversations：无线网络连接"窗口。

"Conversations：无线网络连接"窗口用于显示已捕捉的会话统计信息，如图 5-9 所示。

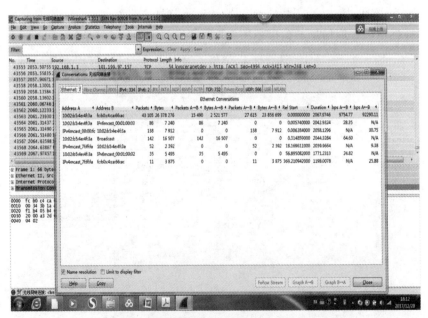

图 5-9 "Conversations：无线网络连接"窗口

⑤"Wireshark IO Graphs：test. pcap"窗口。

"Wireshark IO Graphs：test. pcap"窗口表示用户能选择已捕捉数据图形的显示方式和颜色,如图 5-10 所示。

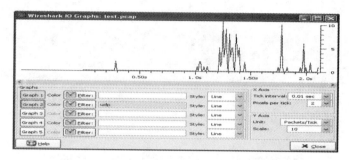

图 5-10 "Wireshark IO Graphs：test. pcap"窗口

2. 利用 Wireshak 截取 ICMP 通信协议包

首先选择"Capture",然后选择"Interfaces …",再选择要抓包的接口,单击"Start"按钮后将启动抓包过程。设置完成后开始截取,输入 ping 命令后出现如图 5-11 所示的界面。单击"Stop"按钮获取抓包信息,如图 5-12 所示。

图 5-11 输入 ping 命令后出现的界面

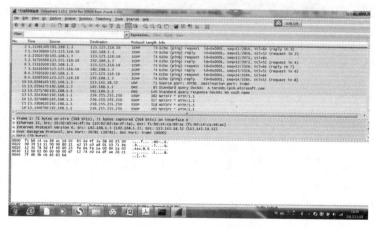

图 5-12 截取 ICMP 包

源站到目的站的 ICMP 请求报文结构如图 5-13 所示。

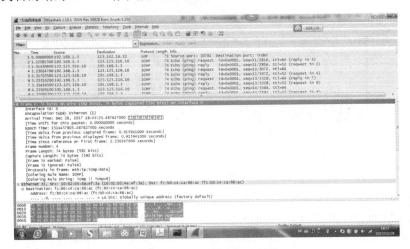

图 5-13　ICMP 请求报文结构

目的站的 ICMP 应答报文结构如图 5-14 所示。

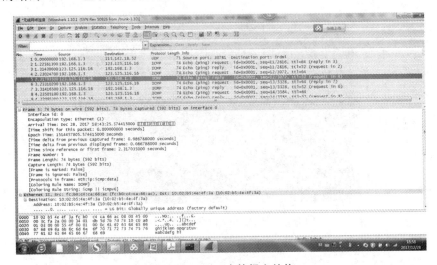

图 5-14　ICMP 应答报文结构

3. 捕获 TCP 应用层程序在客户端和服务器间的响应过程

客户端和服务器之间的 TCP 连接有三次过程,即通常所说的三次握手,握手过程如下。第一次,客户端向服务器发送一个 SYN 置位的 TCP 报文,包括客户端使用的端口号和初始序列号 x;第二次,服务器收到客户端发送过来的 SYN 报文后,向客户端发送一个 SYN 和 ACK 都置位的 TCP 报文,包括确认号 x+1 和服务器的序列号 y;第三次,客户端接收到服务器返回的 SYN+ACK 报文后,向服务器返回一个确认号 y+1 和序号 x+1 的 ACK 报文。

首先选择“Capture”,然后选择“Interfaces …”,再选择要抓包的接口,单击“Start”按钮后将启动抓包过程。设置完成后开始截取,输入相应的命令,按下 Wireshark 的停止按钮并查看所捕获的内容。

图 5-15 是捕获到的一个 HTTP 客户端与服务器之间的 TCP 连接建立的过程。从图中可以看到,24、25、26 帧显示了在整个 TCP 连接过程中的三次握手,在中间窗体中显示了第一次握手的详细信息。

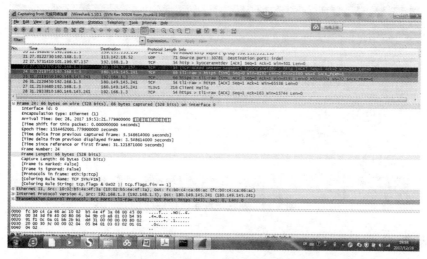

图 5-15　TCP 三次握手过程及第一次握手的详细信息

目的站的应答包情况(第二次握手)如图 5-16 所示。

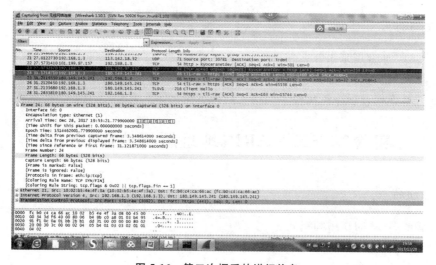

图 5-16　第二次握手的详细信息

第三次握手的详细信息如图 5-17 所示。

从图 5-15、图 5-16、图 5-17 可以看出,首先客户端 192.168.1.3 的 3082 端口向服务器 180.149.145.241 的 443 端口发起一个带有 SYN 标志的连接请求,完成第一次握手。然后服务器从 443 端口向客户端的 3082 端口返回一个同时带有 SYN 标志和 ACK 标志的应答包,完成第二次握手。最后客户端再向服务器返回一个包含 ACK 标志的应答包,完成第三次握手,至此建立了一条可靠的从客户端到服务器的 TCP 连接。

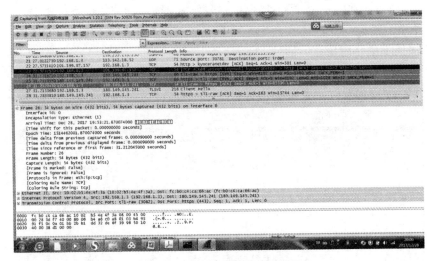

图 5-17 第三次握手的详细信息

六、小结

通过本实验熟悉网络嗅探工具的使用,学会利用嗅探软件进行网络嗅探与协议分析,进一步掌握 TCP/IP 协议族的原理和封装结构,理解数据捕获的作用和意义。

七、思考与练习

(1)ICMP 通常用来做什么?

(2)ICMP 报文是自己独立封装并发送的吗?

(3)TCP 连接过程中三次握手的报文结构是什么?

实验二十二　ARP(地址解析协议)分析

一、实验目的

(1)掌握 ARP 的作用和格式;

(2)理解 IP 地址与 MAC 地址的对应关系;

(3)掌握 ARP 命令。

二、实验内容

(1)学习 ARP 的工作原理;

(2)掌握 ARP 的作用和使用方法;

(3)理解 IP 地址与 MAC 地址的对应关系;

(4)学习使用 ARP 命令。

三、实验仪器及环境

(1)路由器 1 台；

(2)交换机 1 台；

(3)PC 4 台；

(4)连接线若干。

四、实验原理

地址解析协议(Address Resolution Protocol,ARP)是一种根据 IP 地址获取物理地址的协议。主机发送信息时将包含目标 IP 地址的 ARP 请求广播到网络上的所有主机,并接收返回消息,以此确定目标的物理地址。收到返回消息后将该 IP 地址和物理地址的映射关系存入本机 ARP 缓存中并保留一定时间,下次请求时直接查询 ARP 缓存以节约资源。ARP 报文字段总共有 28 个字节,如图 5-18 所示。

2个字节	2个字节	1个字节	1个字节	2个字节	6个字节	4个字节	6个字节	4个字节
硬件类型	协议类型	硬件地址长度	协议地址长度	操作类型	源MAC物理地址	源IP地址	目的MAC物理地址	目的IP地址

图 5-18　ARP 报文封装格式

详细说明如下。

硬件类型:2 个字节,表明 ARP 适用于何种类型的网络。

协议类型:2 个字节,表示要映射的协议地址类型。

硬件地址长度:1 个字节,表示 MAC 的地址长度。

协议地址长度:1 个字节。

操作类型 :2 个字节,表示 ARP 的数据包类型。其值为 1 表示 ARP 请求,其值为 2 表示 ARP 应答。

源 MAC 物理地址:6 个字节,表示发送端的 MAC 地址。

源 IP 地址:4 个字节,表示发送端的 IP 地址。

目的 MAC 物理地址:6 个字节,表示目标设备的 MAC 物理地址。

目的 IP 地址:4 个字节,表示目标设备的 IP 地址。

注意:在 ARP 的操作中,有效数据的长度为 28 个字节,不足以太网的最小长度 46 个字节时,需要填充字节,填充字节的最小长度为 18 个字节。

ARP 请求分组或应答分组的格式如图 5-19 所示。

6个字节	6个字节	2个字节	2个字节	1个字节	1个字节	2个字节	6个字节	4个字节	6个字节	4个字节
以太网目的MAC物理地址	以太网源MAC物理地址	硬件类型	协议类型	硬件地址长度	协议地址长度	操作类型	源MAC物理地址	源IP地址	目的MAC物理地址	目的IP地址

图 5-19　ARP 请求分组或应答分组的格式

ARP 的工作过程如下。

(1)当主机 A 向本局域网上的某个主机 B 发送 IP 数据报时,首先在自己的 ARP 缓冲表中查看有无主机 B 的 IP 地址。

(2)如果有,则可查出其对应的硬件地址,再将此硬件地址写入 MAC 帧,然后通过以太网将数据包发送到目的主机中。

(3)如果查不到主机 B 的 IP 地址,主机 A 就自动运行 ARP,其工作过程如下。

①ARP 进程在本局域网上广播一个 ARP 请求分组。例如一个 ARP 请求分组的主要内容为"我的 IP 地址是 193.168.2.2,我的硬件地址是 00-00-C0-15-AD-20,我想知道 IP 地址为 193.168.2.4 的主机的硬件地址"。

②在本局域网中的所有主机上运行的 ARP 都收到这个 ARP 请求分组。

③主机 B 在这个 ARP 请求分组中发现自己的 IP 地址,就向主机 A 发送 ARP 响应分组,并写入自己的硬件地址。其余的主机都不理睬这个 ARP 请求分组。例如一个 ARP 响应分组的主要内容为"我的 IP 地址是 193.168.2.4,我的硬件地址是 08-00-2B-00-EE-AD"。

④主机 A 收到主机 B 的 ARP 响应分组后,就在其 ARP 高速缓冲表中写入主机 B 的 IP 地址到硬件地址的映射。

五、实验步骤

ARP 分析实验拓扑结构如图 5-20 所示。

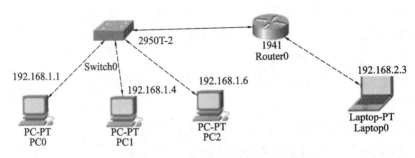

图 5-20　ARP 分析实验拓扑结构图

1. 设定实验环境

(1)参照实验拓扑结构连接网络拓扑。

(2)配置 PC。

2. 捕获 ARP 报文并进行分析

(1)在主机 PC2 中用 arp-a 命令可以查看 ARP 缓存表中的 ARP 记录,用 arp-d 命令删除 ARP 缓存中的记录,如图 5-21 所示。

(2)在 PC2 中开启协议分析仪并进行数据包捕获。

(3)在 PC2 中使用命令 Ping 192.168.1.1(见图 5-22)。

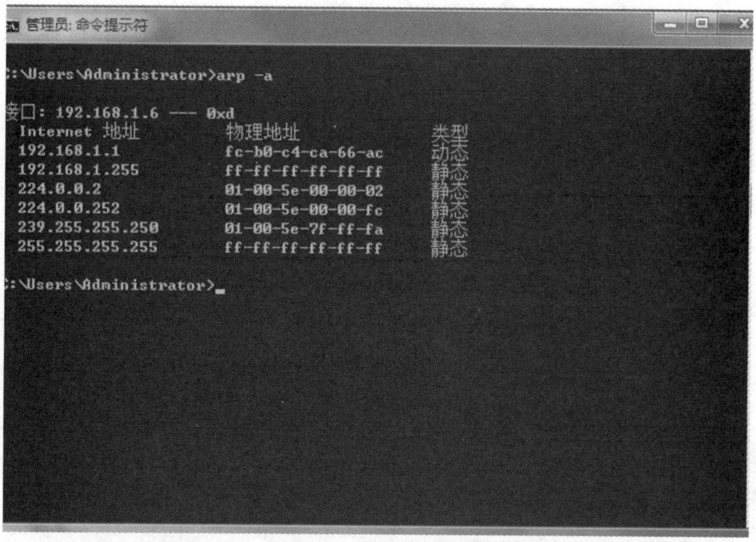

图 5-21　查看 ARP 缓存表

图 5-22　ping 目标

（4）捕获 ARP 请求报文并进行分析。

捕获的 ARP 请求报文如图 5-23 所示。

由于实验的第一步删除了 PC2 中 ARP 缓存表的记录，因此 ARP 请求报文均以广播的方式进行发送，例如 57 帧和 56 帧。对图 5-23 进行截屏并阐述 ARP 的基本内容。

①帧的基本信息分析。

帧的基本信息如图 5-24 所示。

由图 5-24 能得出以下信息：帧的编号（Frame Number）为 56；帧的长度（Frame Length）为 42bytes；捕获到的长度（Capture Length）为 42bytes；帧被捕获的日期和时间

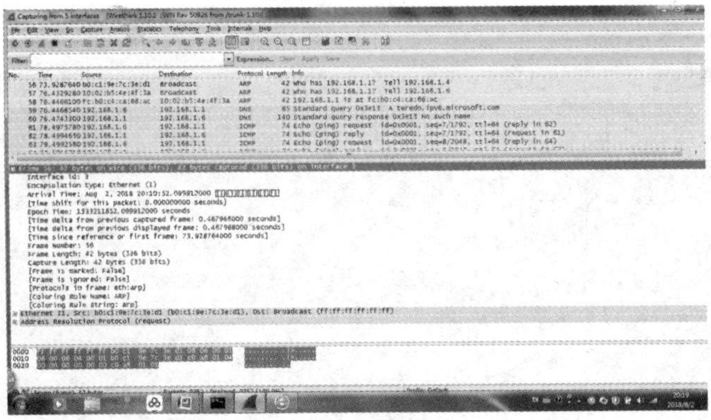

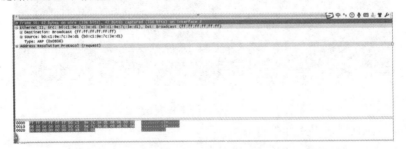

图 5-23　ARP 请求报文 1

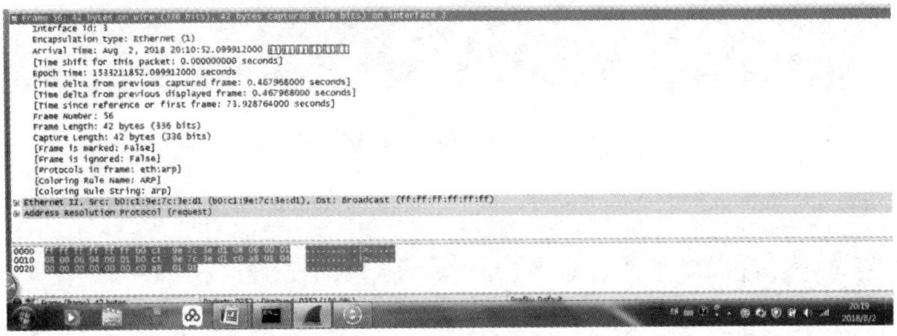

图 5-24　ARP 请求报文帧的基本信息

(Arrival Time)为 Aug 2,2008 20:10:52;距离前一个帧的捕获时间(Time Delta From Previous Captured/Displayed Frame)为 0.467869 秒;距离第一个帧的捕获时间差(Tim Since Reference or First Frame)为 73.928764 秒;帧装载的协议为 eth:arp。

②数据链路层的信息分析。

数据链路层的基本信息如图 5-25 所示。

图 5-25　ARP 请求报文帧的数据链路层信息

由图 5-25 可获取如下信息:目的地址(Destination)为 Broadcast(ff:ff:ff:ff:ff:ff);源地址(Source)为 b0:c1:9e:7c:3e:d1;协议类型(Type)为 ARP(0X0806)。

③ARP 协议报文。

ARP 请求报文如图 5-26 所示。

由图 5-26 可获得 ARP 请求报文的详细信息:硬件类型(Hardware Type)为 Ethernet;协议类型(Protocol Type)为 IPV4(0x0800);硬件信息在帧中占的字节数

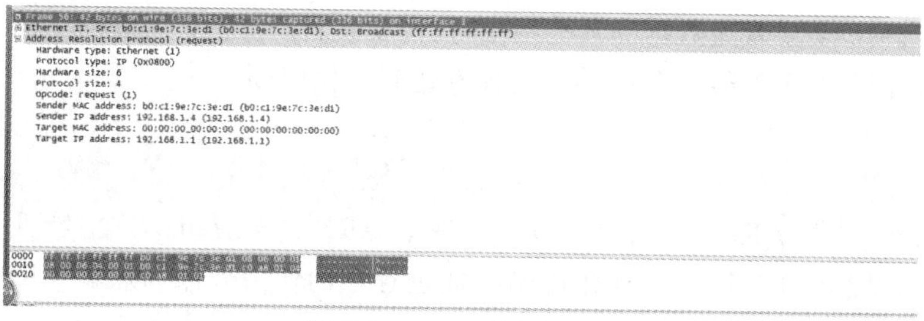

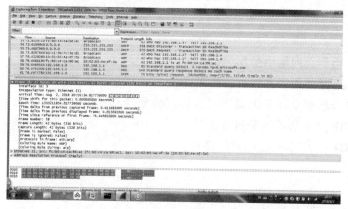

图 5-26　ARP 请求报文 2

（Hardware Size）为 6；协议信息在帧中占的字节数（Protocol Size）为 4；操作码（Opcode）为 request(1)；发送方 MAC 地址（Sender MAC address）为 b0：c1：9e：7c：3e：d1）；发送方 IP 地址（Sender MAC address）为 192.168.1.4；接收方 MAC 地址（Target MAC address）为 00：00：00：00：00：00）；接收方 IP 地址（Target MAC address）为 192.168.1.1。

（5）捕获应答报文并进行分析。

捕获的 ARP 应答报文如图 5-27 所示。

从图 5-27 的窗口上部的第 58 帧可以看到，IP 地址为 192.168.1.1 的主机接收到 ARP 请求后，发回一个 ARP 的响应报文，其中包括自己的 MAC 地址。应答报文的帧的基本信息如图 5-27 所示，具体含义和请求报文的相同。该报文的数据链路层和报文的详细信息如图 5-28 所示，其信息含义和请求报文的相同。

图 5-27　ARP 应答报文

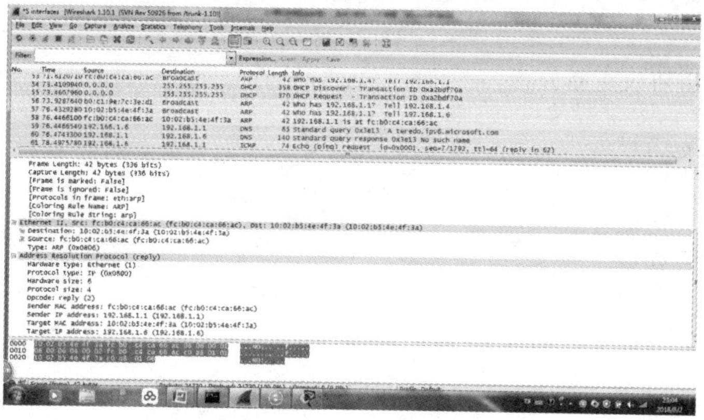

图 5-28　ARP 应答报文详细信息

提示：当主机需要发送数据到其他网段时，需要在目的 MAC 地址的字段中填入网关 MAC 地址，先将数据发送给网关，再由网关发送到其他网段。

六、小结

通过观察，掌握 ARP 分组的封装格式，观察 ARP 请求分组的广播特性与响应分组的单播特性，以及目的 MAC 地址在传输寻址过程中的作用。深刻理解 ARP 的原理、工作过程及作用。

七、思考与练习

(1)观察实验过程中捕获网络上的多个 ARP 请求帧，观察这些帧的以太网目的地址是否相同，并分析其原因。

(2)观察实验过程中捕获网络上的多个 ARP 应答帧，观察这些帧的以太网目的地址是否相同，并分析其原因。

(3)简述 ARP 缓存的作用。

实验二十三 RIP 分析

一、实验目的

(1)掌握路由器在网络中的作用；

(2)掌握静态路由与动态路由的作用；

(3)进一步理解和掌握 RIP 动态路由协议的原理与过程；

(4)掌握 RIP 路由协议的分析方法与过程；

(5)掌握 RIP1、RIP2 的数据封装格式。

二、实验内容

(1)网络设计与拓扑规划；

(2)RIP 配置；

(3)RIP 分析；

(4)动态路由协议更新分析。

三、实验仪器及环境

(1)路由器 2 台；

(2)交换机 2 台；

(3)PC 4 台；

(4)连接线若干。

四、实验原理

路由信息协议(Routing Information Protocol,RIP)是距离向量协议中的一种,以跳数作为度量的距离向量。运行 RIP 的相邻路由器并通过彼此之间交换路由信息的距离向量,从而知道网络的连接情况,实现各个网络之间的连通。这也是距离向量(Distance Vector)名称的由来。

RIP 广泛用于全球 Internet,是一种内部网关协议(Interior Gateway Protocol),即在自治系统内部执行路由功能。和内部网关协议相对应的是外部网关路由协议(Exterior Gateway Protocol),如边缘网关协议(BGP),用于在不同的自治系统间进行路由。RIP 的前身是 Xerox 协议 GWINFO,后来的版本 routed(发音为/rutdi/)封装在 1982 年伯克利标准发布 UNIX(即 BSD)中。RIP 本身发展成为 Internet 路由协议,有些协议族使用了 RIP 的变种,例如 AppleTalk 路由表维护协议(RTMP)和 Banyan VINES 路由表协议(RIP)就是基于 IP 版的 RIP。RIP 最新的增强版是 RIP2 规范,它允许在 RIP 分组中包含更多的信息并提供简单的认证机制。

IP RIP 在两个文档中正式定义:RFC 1058 和 RFC 1723。RFC 1058(1988)描述了 RIP 的第一版实现,RFC 1723(1994)是它的更新,允许 RIP 分组携带更多的信息和安全特性。

下面简单介绍 RIP 的基本功能和特性,包括路由更新、RIP 路由度量、RIP 的稳定性、RIP 定时器和 RIP 分组格式等。

1. 路由更新

RIP 以规则的时间间隔在网络拓扑改变时发送路由更新信息。当路由器收到包含某表项的更新的路由更新信息时,就更新其路由表:该路径的度量值加上 1,发送者记为下一跳。RIP 路由器只维护目的的最佳路径(具有最小 metric 值的路径)。更新了自己的路由表后,路由器立刻发送路由更新把变化通知给其他路由器。

2. RIP 路由度量

RIP 使用单一路由度量(跳数)来衡量源网络到目的网络的距离。从源到目的的路径中,每一跳被赋予一个跳数值,此值通常为 1。当路由器收到包含新的或改变的目的网络表项的路由更新信息时,就把其度量值加 1 后存入路由表,发送者的 IP 地址就作为下一跳地址。RIP 通过对从源到目的的最大跳数加以限制来防止路由环,最大值为 15。如果路由器收到含有新的或改变的表项的路由更新信息,且把 metric 值加 1 后成为无穷大(即 16),就认为该目的网络不可到达。

3. RIP 的稳定性

为了适应快速的网络拓扑变化,RIP 规定了一些与其他路由协议相同的稳定特性。例如,RIP 使用 split-horizon 和 hold-down 机制来防止路由信息的错误传播。此外,RIP 的跳数限制防止了无限增长而产生的路由环。

4. RIP 定时器

RIP 使用了一些定时器来控制其性能,包括路由更新定时器、路由超时和路由清空的定时器。路由更新定时器记录了周期性更新的时间间隔,通常为 30 秒,当该定时器重置时,增加小的随机秒数来防止冲突。每个路由表项都有相关的路由超时定时器,当路由超时定时器过期时,该路径就标记为失效的,但仍保存在路由表中,直到路由清空定时器过期才被清掉。

5. RIP 分组格式

下面描述 IP RIP 和 IP RIP2 的分组格式。

1)IP RIP 分组格式

IP RIP 分组格式如图 5-29 所示。

0	7	15	31
Command	Version	Must be Zero	
Address Family Identifier		Must be Zero	
IP Address			
Must be Zero			
Must be Zero			
Metric			

图 5-29　IP RIP 分组格式

命令(Command):表示该分组是请求还是响应。请求分组要求路由器发送其路由表的全部或部分。响应分组可以是主动提供的周期性路由更新或对请求的响应。大的路由表可以使用多个 RIP 分组来传递信息。

版本(Version):指明使用的 RIP 版本,此域可以通知不同版本的不兼容。

零:表示未使用。

地址族标志(Address Family Identifier,AFI):指明使用的地址族。RIP 设计用于携带多种不同协议的路由信息。每个项都有地址族标志来表明使用的地址类型,IP 的 AFI 是 2。

地址:指明该项的 IP 地址。

Metric:表示到目的地过程中经过了多少跳数(路由器数)。有效路径的值在 1 和 15 之间,16 表示不可达路径。

注意:在一个 IP RIP 分组中最多可有 25 个 AFI、地址和 Metric 域,即一个 RIP 分组中最多可含有 25 个地址项。

2)IP RIP2 分组格式

IP RIP2 规范(RFC 1723)允许 RIP 分组包含更多的信息,并提供简单的认证机制,如图 5-30 所示。

命令(Command):表示该分组是请求还是响应。请求分组要求路由器发送其路由表的全部或部分。响应分组可以是主动提供的周期性路由更新或对请求的响应。大的路由表可以使用多个 RIP 分组来传递信息。

版本(Version):指明使用的 RIP 版本,在实现 RIP2 或进行认证的 RIP 分组中,此值为 2。

0	7	15	31
Command	Version	Must be Zero	
Address Family Identifier		Route Tay	
IP Address			
Subnet Mask			
Next Hop			
Metric			

图 5-30　IP RIP2 分组格式

零:表示未使用。

地址族标志(Address Family Identifier,AFI):指明使用的地址族。RIP 设计用于携带多种不同协议的路由信息。每个项都有地址族标志来表明使用的地址类型,IP 的 AFI 是 2。如果第一项的 AFI 为 0xFFFF,则该项剩下的部分就是认证信息。目前,唯一的认证类型就是简单的口令。

路由标记(Route Tag):提供区分内部路由(由 RIP 获得)和外部路由(由其他协议获得)的方法。

IP 地址:指明该项的 IP 地址。

子网掩码(Subnet Mask):包含该项的子网掩码。如果此域为 0,则该项不指定子网掩码。

下一跳(Next Hop):指明下一跳的 IP 地址。

Metric:表示到目的地过程中经过了多少跳数(路由器数)。有效路径的值在 1 和 15 之间,16 表示不可达路径。

注意:在一个 IP RIP 分组中最多可有 25 个 AFI、地址和 Metric 域,即一个 RIP 分组中最多可含有 25 个地址项。如果 AFI 指明为认证信息,则只能有 24 个路由表项。

五、实验步骤

(1)在 Cisco Packet Tracer 中连接设备,构建网络,网络实验拓扑结构如图 5-31 所示。

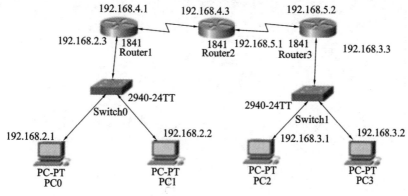

图 5-31　网络实验拓扑结构图

（2）配置不同的设备及参数,并配置运行 RIP(此处略去 RIP 配置过程,不熟悉者可参考实验十二)。

（3）测试设备的连通性,并在 Simulation 模式下跟踪数据包来查看数据包的详细信息。

在 Realtime 模式下添加一个从 PC1—PC3 的简单数据包,结果如图 5-32 所示。

图 5-32　数据包测试

Last Status 的状态是 Successful,说明从 PC1 到 PC3 的链路是通的。

在 Simulation 模式下跟踪这个数据包,如图 5-33 所示。

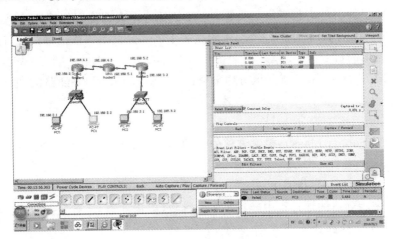

图 5-33　跟踪数据包

点击 Capture/Forward 会产生一系列的事件,这一系列的事件说明了数据包的传输路径,如图 5-34 所示。

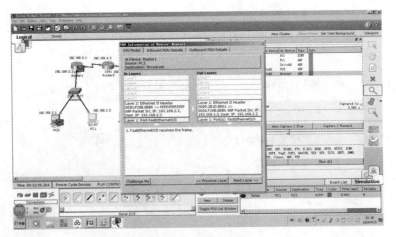

图 5-34　数据包捕获

单击 Router1 上的数据包,可以打开 PDU Information 对话框,在这里可以看到数据包在进入设备和退出设备时 OSI 模型上的变化,在 Inbound PDU Details 和 Outbound PDU Details 中可以看到数据包或帧格式的变化,这有助我们对数据包进行更细致的分析。

(4)RIP 分析。

启动 RIP 服务,如图 5-35 所示。

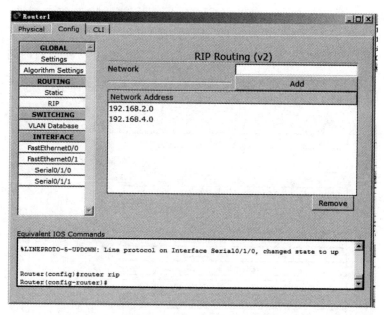

图 5-35　Router1 启动 RIP 服务

如图 5-35 所示,在 Router1 的 RIP Routing(v2)添加网段 192.168.2.0 和 192.168.4.0。RIP 的信息捕获如图 5-36 所示。

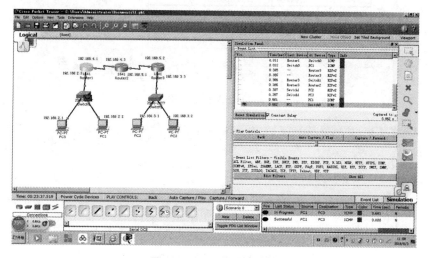

图 5-36　RIP 的信息捕获

①捕获数据包。

单击 Capture/Forward(捕获/转发)按钮;路由器将会发送更新数据包。例如图 5-36 中 Event List(事件列表)下的 type(信息)列中值为 RIPv2 的数据包。

②检查路由更新数据包。

单击 Capture/Forward(捕获/转发)按钮时,即可观察路由更新数据包。单击数据包信封,或者在 Event List(事件列表)的 Info(信息)列中单击彩色正方形,即打开 PDU 信息窗口,检查路由更新数据包。使用 OSI Model(OSI 模型)选项卡视图和 Inbound/Outbound PDU Details(入站/出站 PDU 详细数据)选项卡视图了解路由更新。图 5-37 所示的为 Router3 更新后的 RIP 报文,图 5-38 所示的为 Router1 更新后的路由表信息。

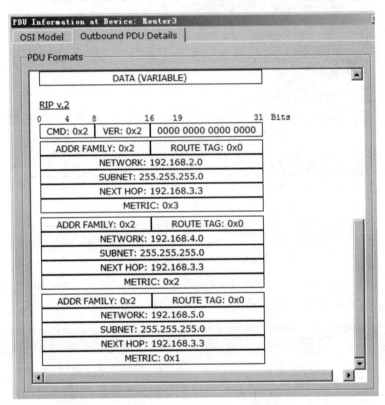

图 5-37 Router3 的 RIP 报文信息

Type	Network	Port	Next Hop IP	Metric
C	192.168.2.0/24	FastEthernet0/0	---	0/0
C	192.168.4.0/24	Serial0/1/0	---	0/0
R	192.168.3.0/24	Serial0/1/0	192.168.4.3	120/2
R	192.168.5.0/24	Serial0/1/0	192.168.4.3	120/1

图 5-38 Router1 更新后的路由表

六、小结

通过该实验,可进一步掌握 RIP 的原理及过程,充分理解 RIP 数据报的封装格式及关键字段的意义,掌握路由表的存储与更新状态。容易出错的地方有以下两方面。

(1)不会观察和分析路由表,以路由表为依据判断网络配置与运行的正确与否,建议先理解透彻路由表的结构。

(2)当连接的路由器数目比较多时,容易出现错配或漏配,因此建议先画实验拓扑结构图并对 IP 参数进行详细标注。

七、思考与练习

(1)简述 RIP 的路由表建立及路由交换过程。

(2)简述路由表在 RIP 数据包封装过程中的存储方法。

(3)如何追踪检测 RIP 路由的启动、路由表生成、路由表更新过程。

(4)拓展练习:多路由器负载网络下的 RIP 配置以及性能观测与分析。

第6章 网络编程基础实验

套接字是由传输层提供的一个应用程序(进程)和网络之间的接入点,应用程序(进程)可以通过套接字访问网络。套接字可以用于多种协议,包括面向连接的 TCP 和面向无连接的 UDP,它利用主机的网络层地址和端口号为两个进程建立逻辑连接。本章通过基于 TCP 的网络通信数据传输实验来对基于 TCP 的 Winsock 编程原理进行阐述,用实例编写客户端、服务器程序,实现基于 TCP 的网络通信数据传输服务。通过基于 TCP 的简易聊天室实验,进一步加深对套接字编程的理解,并应用于实践中。

实验二十四　基于 TCP 的网络通信数据传输

一、实验目的

(1)使用 VB 语言编写客户端、服务器程序,实现基于 TCP 的网络通信数据传输服务;

(2)熟悉基于 TCP 的 Winsock 编程原理。

二、实验内容

在 Windows 环境下,运用编程实现计算机之间的通信数据传输服务。

三、实验仪器及环境

(1)PC 2 台;

(2)交换机 1 台;

(3)Visual Basic 软件。

四、实验原理

Winsock 是一个网络编程接口,能为两个或多个 Internet 节点建立连接并使之交换数据。Winsock 提供两种方式来交换数据,一种是基于连接的 TCP 方式,另一种是基于数据报的 UDP 方式。TCP 方式要求通信的双方先建立连接,然后再交换信息,多次交换信息后可以断开连接。UDP 方式则不要求双方建立连接,一方可直接向另一方发送数据,每个用户数据报的传输路径都由网络层决定。在 TCP 方式中,建立连接的双方中,一方称为服务器,另一方称为客户端。

服务器端程序设计流程为:①加载套接字库。②创建套接字(socket)。③将套接字绑定(bind)到一个本地地址和端口上。④将套接字设置为监听模式,准备接收客户请求(listen)。⑤等待客户请求到来,当请求到来后,接收连接请求,返回一个新的对应于此次连接的套接字(accept)。⑥用返回的套接字与客户端进行通信(send/receive)。⑦返回,等待另一客户的请求。⑧关闭套接字。

客户端程序设计流程为：①加载套接字库。②创建套接字（socket）。③向服务器发送连接请求（connect）。④与服务器端进行通信（send/receive）。⑤关闭套接字。

Winsock 控件的主要属性、方法以及事件介绍如下。

1. 属性

Protocol 属性：用于设置 Winsock 控件所使用的协议，如表 6-1 所示。

表 6-1　Protocol 属性

常　　数	值	描　　述
sckTCPProtocol	0	默认为 TCP
sckUDPProtocol	1	UDP

LocalPort 属性：用于指定接收和发送数据的本地端口。如果应用程序不需要特定的端口，则指定 0 为端口号，这种情况下，控件将选择一个随机端口。

RemoteHostName 属性：用于设置远程主机的主机名。

RemoteIP 属性：用于设置远程 IP 地址。

RemotePort 属性：用于指定接收和发送数据的远程端口，通常在设置 Protocol 属性时，将每个协议自动设置 RemotePort 属性为相应的默认端口，如表 6-2 所示。

表 6-2　端口号

端　　口	描　　述
80	HTTP，通常用于 World Wide Web 连接
21	FTP（文件传输协议）

2. 方法

Connect（请求）连接方法（该方法用于客户方）：要求连接到远程计算机，格式为 object. connect remotehost，remoteport。当建立 TCP 连接时，必须调用 Connect 方法。

Listen（侦听）方法：即设置为侦听模式等待客户方进行连接（该方法用于服务方），格式为 object. listen。

Accept（接收）连接方法：TCP 服务器应用程序在处理 ConnectionRequest 事件时，使用该方法接收新连接。格式为 object. accept requestID，其中 requestID 参数为新连接的请求标志，由 ConnectionRequest 事件产生并传递给 Accept 方法。

Close（关闭）方法：用于关闭客户端和服务器端应用程序的 TCP 连接或侦听套接字，格式为 object. Close。

Bind（绑定）方法：指定用于连接的 LocalPort 和 LocalIP，格式为 object. Bind LocalPort，[LocalIP]。Bind 方法的作用是为 Winsock 控件保留一个本地端口，以阻止其他应用程序使用同样的端口。

GetData（获取数据）方法：格式为 object. GetData data，[type,] [maxLen]。该方法可从缓冲区中获取最长为 maxLen 的数据，并以 type 类型存放在 data 中。

SendData(发送数据)方法:用于将数据发送给远程计算机。使用格式为 object. SendData data,其中 data 参数是指要发送的数据。对于二进制数据,应使用字节数组。

3. 事件

Close 事件:指当远程计算机关闭连接时出现。

ConnectionRequest 事件:指当远程计算机请求连接时出现。仅适用于 TCP 服务器应用程序,激活事件后,RemoteHostIP 和 RemotePort 属性用于存储有关客户的信息。

DataArrival 事件:指当新数据到达时出现。只有存在新数据时才激活事件。可随时用 BytesReceived 属性检查可用的数据量。

基于 TCP 进行程序设计时,必须确定应用程序是属于服务器端还是属于客户端,如果是客户端应用程序,不仅要知道服务器计算机名或者 IP 地址(RemoteHost 属性),还要知道服务器进行"侦听"的端口(RemotePort 属性),然后调用 Connect 方法请求建立连接。如果是服务器端应用程序,则需设置一个侦听端口(LocalPort 属性),并调用 Listen 方法进行侦听。当侦听到客户端的连接请求时,调用 ConnectionRequest 事件内的 Accept 方法接收请求,建立连接。连接成功之后,客户端和服务器端都能调用 SendData 方法传送数据、调用 GetData 方法接收数据。

五、实验步骤

(1)创建客户端程序窗体。

首先添加一个 Winsock 控件,用来建立与串口的连接。具体做法为:选择"工程"菜单下的"部件",打开如图 6-1 所示的窗口,选中"Microsoft Winsock Control 6.0(SP6)"后单击"确定"按钮。

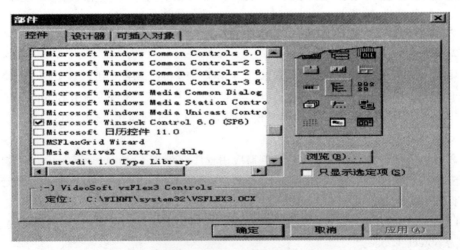

图 6-1 添加 Winsock 控件

在客户端窗体(见图 6-2)中添加 4 个 TextBox、5 个 Label、1 个 CommandButtonName、1 个 Winsock 控件、2 个单选按钮,并分别设置其属性,如表 6-3 所示。

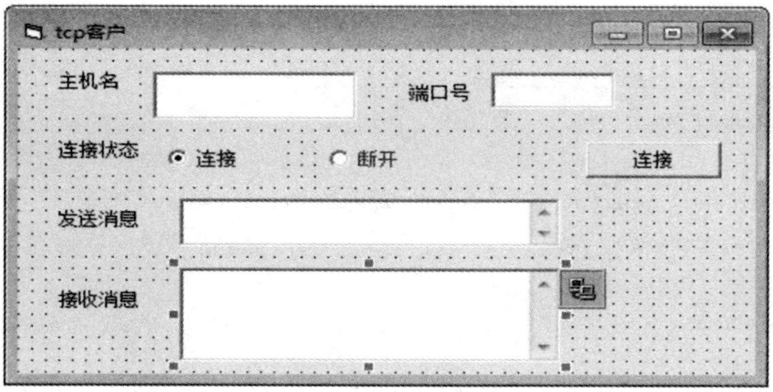

图 6-2　客户端窗体

表 6-3　设置客户端窗体控件属性

控件	属性	属性值	控件	属性	属性值
Label1	Caption	主机名	TextBox1	name	Text1
Label2	Caption	端口号	TextBox2	name	Text2
TextBox4	MultiLine	true	TextBox3	MultiLine	true
	ScrollBars	2-vertical		ScrollBars	2-vertical
	name	output		name	send
Label3	Caption	连接状态	Winsock1	name	tcpclient
Label4	Caption	发送消息	Command	name	cmdconnect
Label5	Caption	接收消息		Caption	连接
Option1	Caption	连接	Option2	Caption	断开

（2）编写客户端应用程序，参考程序如下：

```
Private Sub Form_Load()
tcpclient.RemoteHost = "192.168.1.3"
tcpclient.RemotePort = 1001
End Sub


Private Sub cmdconnect_Click()
If tcpclient..State= sckClosed Then
Tcpclient.RemoteHost= Trim(Text1.Text)    //设置服务器的 IP 地址
  Tcpclient.RemotePort= Trim(Text2.Text)    //设置服务器的端口号
  Tcpclient.Connect    //发出连接请求
  End
```

```
Private Sub send_Change()
tcpclient.SendData send.Text
End Sub


Private Sub tcpclient_DataArrival(ByVal bytesTotal As Long)
Dim w2 As String
tcpclient.GetData w2
output.Text= w2
Option2.Value= True
End Sub


Private Sub Winsock1_Close()
Winsock1.Close
Option2.Value= True
End Sub
```

（3）创建服务器端程序窗体。

再在服务器端窗体（见图 6-3）中添加 2 个 TextBox、2 个 Label、1 个 Winsock 控件并设置其属性，如表 6-4 所示。

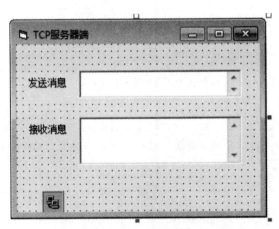

图 6-3　服务器端窗体

表 6-4　设置服务器端窗体控件属性

控件	属性	属性值	控件	属性	属性值
Label1	Caption	发送消息	Label2	Caption	接收消息
TextBox1	name	send	TextBox2	name	output
	MultiLine	true		MultiLine	true
	ScrollBars	2-vertical		ScrollBars	2-vertical
			Winsock1	name	tcpSever

（4）编写服务器端应用程序，参考程序如下：

```
Private Sub Form_Load()
tcpSever.LocalPort = 1001
tcpSever.Listen
frmClient.Show
End Sub


Private Sub send_Change()
tcpSever.SendData send.Text
End Sub


Private Sub tcpSever_Close()
tcpSever.Close
tcpSever.Listen
MsgBox "连接断开"
End Sub


Private Sub tcpSever_ConnectionRequest(ByVal requestID As Long)
Dim w3 As String
If tcpSever.State <> sckClosed Then
w3 = MsgBox("请求连接是否允许?", vbOKCancel)
If w3 = vbOK Then
tcpSever.Close
tcpSever.Accept requestID
tcpSever.SendData "接收"
MsgBox "建立新的连接"
End If
End If
End Sub


Private Sub tcpSever_DataArrival(ByVal bytesTotal As Long)
Dim w1 As String
tcpSever.GetData w1
output.Text = w1
End Sub
```

（5）调试并执行程序。

在一台计算机中运行服务器端程序，在另一台计算机中运行客户端程序，只要客户端能发送数据，服务器端就能接收数据；反之，只要服务器端能发送数据，客户端就能接收数据，运行结果如图 6-4 所示。

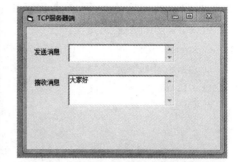
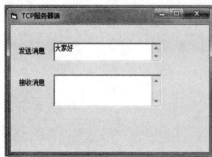

图 6-4 运行结果

六、小结

通过本实验,让学生了解和掌握计算机网络中基于 TCP 通信的编程方法。

七、练习与思考

(1)画出两台计算机之间基于 TCP 并利用 Winsock 通信的流程图。

(2)思考多客户端连接同一台服务器通信的实现方法。

实验二十五 简易聊天室

一、实验目的

(1)了解 TCP 通信的基本原理和编程方法;

(2)掌握套接字(Winsock)的编程方法,学会利用 Winsock 来编写基于 TCP 的简易聊天室。

二、实验内容

在 Windows 环境下,编写实现多台计算机之间相互实时聊天的应用程序。

三、实验仪器及环境

(1)PC 2 台;

（2）交换机 1 台；

（3）Visual Basic 软件。

四、实验原理

1. TCP

TCP 是网络传输层的一种面相连接的、可靠的传输协议。它在网络层 IP 的基础上，向应用层用户进程提供可靠的、全双工的数据报传输。与 UDP 不同的是，TCP 在进行数据报传输之前必须在源进程与目的进程之间使用三次握手的方式建立一条传输连接，一旦连接建立，通信的两个进程就可以在该连接之上发送和接收数据流，当进程数据交互结束时，释放传输连接。由于 TCP 建立在不可靠的网络层 IP 之上，IP 不能提供任何保证分组传输的可靠性机制，因此 TCP 的可靠性完全由自己实现。TCP 支持数据报传输可靠性的主要方法是确认与超时重传。

TCP 端口号的分配方法与 UDP 的基本相同，也是为 0～65535 之间的整数，其中 0～1023 是被统一分配和控制的"熟知端口号"，一般被服务器进程所使用，而对于客户端应用程序来说，可以随机选取的临时端口号为 49152～65535。TCP 的工作原理如图 6-5 所示。

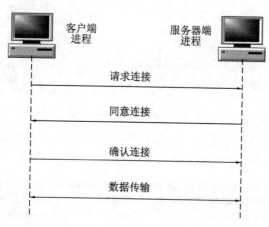

图 6-5　TCP 的工作原理图

2. 编程接口（Winsock 控件）

Winsock 控件的目的在于为两个或多个 Internet 节点建立连接并使之交换数据。Winsock 提供两种方式来交换数据，一种是基于连接的 TCP 方式，另一种是基于数据报的 UDP 方式。TCP 方式要求通信的双方先建立连接，再交换信息，多次交换信息后可以断开连接。UDP 方式则不要求双方建立连接，一方可直接向另一方发送数据，每一个用户数据报的传输路径都由网络层决定。在 TCP 方式中，对于建立连接的双方，一方称为服务器端，另一方称为客户端。通信双方建立连接时，使用同一个端口号。Winsock 的主要属性、方法介绍参见实验二十四。

在基于 TCP 建立应用程序的设计过程中，需要分别编写客户端应用程序和服务器端应用程序。对于客户端应用程序，不仅需要知道服务器的计算机名或者 IP 地址

(RemoteHost 属性)，还需要知道服务器进行"侦听"的端口（RemotePort 属性），再调用 Connect 方法请求建立连接。对于服务器端应用程序，应设置一个侦听端口（LocalPort 属性），并调用 Listen 方法进行侦听。当客户端计算机请求连接时，就会激发 ConnectionRequest 事件，为了实现连接，服务器端调用 ConnectionRequest 事件内的 Accept 方法接收请求。连接成功之后，任何一方的计算机都可以调用 SendData 方法发送数据、调用 GetData 方法接收数据。

五、实验步骤

（1）创建客户端程序窗体。

首先添加一个 Winsock 控件，用来建立与串口的连接。具体做法为：选择"工程"菜单下的"部件"，打开如图 6-6 所示的窗口，选中"Microsoft Winsock Control 6.0（SP6）"后单击"确定"按钮。

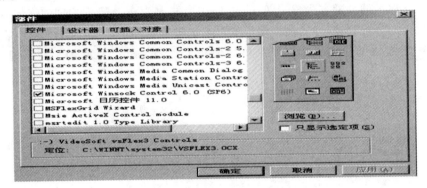

图 6-6　添加 Winsock 控件

在客户端窗体（见图 6-7）中添加 4 个 TextBox、4 个 Label、4 个 CommandButtonName、1 个 Winsock 控件、2 个 Frame 控件，并分别设置其属性，如表 6-5 所示。

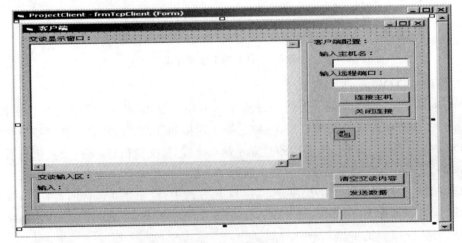

图 6-7　客户端窗体

表 6-5　设置客户端窗体控件属性

控件	属性	属性值	控件	属性	属性值
Frame1	Caption	客户端配置	TextBox1	Text	清空
Frame2	Caption	交谈输入区		Text	清空
Label1	Caption	交谈显示窗口	TextBox2	MultiLine	true
Label2	Caption	输入主机名		ScrollBars	3-Both
Label3	Caption	输入远程端口	TextBox3	Text	清空
Label4	Caption	输入	TextBox4	Text	清空
Command1	Caption	连接主机	Winsock1		
Command2	Caption	关闭连接	Command4	Caption	发送数据
Command3	Caption	清空交谈内容	Form1	Caption	客户端

（2）编写客户端应用程序，参考程序如下：

```
Option Explicit
Dim HostName As String
Dim HostIP As String

Private Sub Command1_Click()
    If Trim$(text3.Text) = vbNullString Or Trim$(text4.Text) =
vbNullString Then
        MsgBox "请输入远程主机名和端口!"
        Exit Sub
    End If
    Winsock1.RemoteHost = Trim$(text3.Text)
    Winsock1.RemotePort = CLng(Trim$(text4.Text))
    Winsock1.Connect
End Sub

Private Sub Command2_Click()
    Winsock1.Close
End Sub

Private Sub Command4_Click()
    Dim s As String
    s = Trim$(HostName) & ":" & Trim$(text1.Text) & vbLf
    Winsock1.SendData s
    Exit Sub
End Sub

Private Sub Winsock1_Close()
```

```
        Winsock1.Close
    End Sub


    Private Sub Winsock1_Connect()
        text2.Enabled= True
        text1.Enabled= True
        staTcpCnn.Panels(1).Text= "连接成功!"
    End Sub


    Private Sub Winsock1_DataArrival(ByVal bytesTotal As Long)
        Dim s As String
        Winsock1.GetData s
        text2.Text= text2.Text & s & vbCrLf
    End Sub


    Private Sub Form_Load()
        HostName= Winsock1.LocalHostName
        HostIP= Winsock1.LocalIP
        Winsock1.Protocol= sckTCPProtocol
        text2.Enabled= False
        text1.Enabled= False
    End Sub
```

(3)创建服务器端程序窗体。

在服务器端(见图 6-8)中添加 2 个 TextBox、2 个 Label、2 个 CommandButtonName、1 个 Winsock 控件、1 个 Frame 控件、1 个 Form 控件并分别设置其属性,如表 6-6 所示。

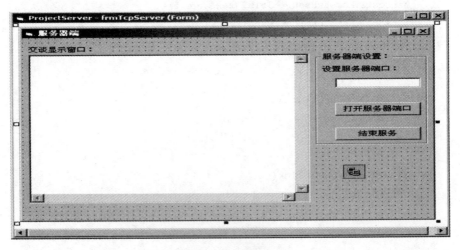

图 6-8　服务器端窗体

表 6-6　服务器端窗体属性设置

控件	属性	属性值	控件	属性	属性值
Frame1	Caption	服务器端设置	TextBox1	Text	清空
Label1	Caption	交谈显示窗口	TextBox2	Text	清空
Label2	Caption	设置服务器端口		MultiLine	true
Command1	Caption	打开服务器端口		ScrollBars	3-Both
Command2	Caption	结束服务	Winsock1		
Form1	Caption	服务器端			

（4）编写服务器端应用程序，参考程序如下：

```
Private Sub Form_Load()
    HostName = Winsock1(0).LocalHostName
    HostIP = Winsock1(0).LocalIP
    Winsock1(0).Protocol = sckTCPProtocol
End Sub

Private Sub Form_Unload(Cancel As Integer)
    Dim i As Long
    Winsock1(0).Close
    For i = 1 To Winsock1.UBound
      Winsock1(i).Close
      Unload Winsock1(i)
    Next i
End Sub

Private Sub Winsock1_Close(Index As Integer)
    Dim i As Long
    If Index <> 0 Then
        Unload Winsock1(Index)
    End If
    For i = 1 To Winsock1.UBound
        Winsock1(i).SendData colHostName(Index) & " 已经退出系统!"
    Next i
End Sub

Private Sub Winsock1_ConnectionRequest(Index As Integer, ByVal requestID As
Long)
    Dim sIp As String
    Dim i As Long
    On Error Resume Next
```

```
        sIp =  Winsock1(0).RemoteHostIP
        i = 1
        Do While i < = Winsock1.UBound
            If Winsock1(i).RemoteHostIP = sIp Then
                Winsock1(i).LocalPort =  0
                If err.Number =  0 Then
                    Winsock1(i).Accept requestID
                    Exit Sub
                ElseIf err.Number < > 0 Then
                    err.Clear
                End If
            End If
            i =  i +  1
        Loop
        colHostName.Add Winsock1(0).RemoteHostIP
        Load Winsock1(i)
        Winsock1(i).LocalPort =  0
        Winsock1(i).Accept requestID
        Exit Sub
err:
        MsgBox err.Description
End Sub


Private Sub Winsock1_DataArrival(Index As Integer, ByVal bytesTotal As Long)
        Dim s As String
        Dim j As Long
        On Error Resume Next
        j =  1
        Winsock1(Index).GetData s
        If err.Number =  0 Then
            Text2.Text =  Trim$(Text2.Text) & Trim$(s) & vbCrLf
            If Len(Text2.Text) > 5000 Then
                Text2.Text =  vbNullString
            End If
            For j =  1 To Winsock1.UBound
                If s < > vbNullString Then
                    Winsock1(j).SendData s
                    DoEvents
                End If
            Next j
        Else
            err.Clear
```

```
        End If
        Exit Sub
    err:
        MsgBox err.Description
    End Sub
```

（5）调试并执行程序。

在一台计算机中运行服务器端程序，在另一台计算机中运行客户端程序，由客户端进行连接并发送输入文本框中的数据，运行结果如图 6-9 所示。

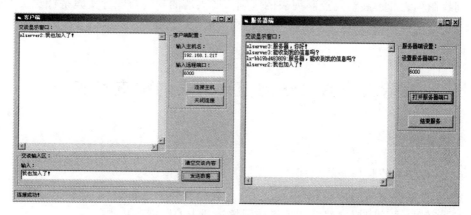

图 6-9　运 行 结 果

六、小结

通过本实验，让学生了解和掌握 TCP 多用户通信的编程方法。

七、思考与练习

（1）画出两台计算机之间进行 TCP 通信的流程图。

（2）对比分析单客户端和多客户端连接同一台服务器的实验结果。

第7章 网络安全基础实验

从其本质上讲,网络安全就是网络上的信息安全。构建网络安全系统需要进行认证、加密、监听、分析、记录等工作,一个全方位的安全体系应该包括访问控制、检查安全漏洞、攻击监控、加密通信、认证、备份和恢复等。访问控制列表(ACL)的配置和应用实验是对访问控制列表的原理进行总结和介绍,通过实验训练标准和扩展访问列表的配置,了解标准访问控制列表和扩展访问控制列表的区别。防火墙的安装与配置实验是针对防火墙的原理进行总结性阐述,通过实验让学生掌握防火墙 ISA Server 2006 的安装与配置及其应用策略的配置。

实验二十六　访问控制列表的配置和应用

一、实验目的

(1)掌握访问控制列表的原理;

(2)掌握标准访问控制列表的配置;

(3)了解标准访问控制列表和扩展访问控制列表的区别。

二、实验内容

(1)掌握标准访问控制列表的规则及配置;

(2)掌握扩展访问控制列表的规则及配置。

三、实验仪器及环境

(1) PC 4 台;

(2) 路由器 2 台;

(3) 交换机 2 台;

(4) 双绞线、控制线、背靠背连接线若干。

四、实验原理

访问控制列表(Access Control List,ACL)是使用包过滤技术,在路由器上读取第三层或第四层包头中的信息,如源地址、目的地址、源端口、目的端口以及上层协议等,根据预先定义的规则决定接收哪些数据包、拒绝哪些数据包,从而达到访问控制的目的。当一个数据包进入路由器的某一个接口时,首先路由器会检查该数据包是否可路由或可桥接。然后路由器会检查是否在入站的接口应用了 ACL。如果有 ACL,就将该数据包与 ACL 中的条件语句进行比较。如果数据包允许通过,就继续检查路由器选择表条目以确定转发到的目的接口,否则不允许通过。ACL 不过滤路由器本身发出的数据包,只过滤经过路由器的数据包。根据访问控制列表检查 IP 数据包的参数,将其分成两种类型:标准

ACL 和扩展 ACL。

1. 标准 ACL

标准 ACL 用于匹配 IP 包中的源地址或源地址中的一部分,可对匹配的包采取拒绝或允许两个操作,其参数如表 7-1 所示。

表 7-1　标准 ACL 的参数表

参　　数	描　　述
access-list-number	访问控制列表表号,用来指定入口属于哪一个访问控制列表。对于标准 ACL 来说,是一个从 1 到 99 或从 1300 到 1999 之间的数字
deny	如果满足测试条件,则拒绝进入该入口的通信流量
permit	如果满足测试条件,则允许进入该入口的通信流量
source	数据包的源地址,可以是网络地址或主机 IP 地址
source-wildcard	通配符掩码,又称反掩码,用来同源地址一起决定哪些位需要匹配
log	生成相应的日志消息,用来记录经过 ACL 入口的数据包的情况

标准 ACL 的配置如下。

(1)建立列表及规则,语法格式如下:

```
Router(config)#access- list access- list- number deny | permit source source-
wildcard log
```

例如:

```
Router(config)# access-list 11 permit 0.0.0.0    255.255.255.255
```

在通配符掩码中有两种掩码比较特殊,分别是 any 和 host。

①any 可以表示任何 IP 地址。

例如:

```
Router(config)# access-list 11 permit 0.0.0.0    255.255.255.255
```

等同于:

```
Router(config)# access-list 11 permit any
```

②host 表示一台主机。

例如:

```
Router(config)# access-list 11 permit 172.16.30.22   0.0.0.0
```

等同于:

```
Router(config)# access-list 11 permit host 172.16.30.22
```

可以通过在 access-list 命令前加 no 的形式来删除一个已经建立的标准 ACL,使用语法格式如下:

```
Router ( config ) #no access- list access- list- number
```

例如:

```
Router(config)# no access-list 10
```

(2)宣告 ACL,将设置好的 ACL 添加到相应的端口中,语法格式如下:

```
Router(config)#interface interface- id
```

```
Router(config- if)#ip access- group access- list- number in
```

例如：

```
Router (config)#interface s0/1
Switch(config- if)#ip access- group 11 in
```

2. 扩展 ACL

扩展 ACL 比标准 ACL 具有更多的匹配项,包括协议类型、源地址、目的地址、源端口、目的端口、建立连接和 IP 优先级等。

扩展 ACL 的配置如下。

(1)建立列表及规则,参数如表 7-2 所示,语法格式如下:

```
Router(config)# access- list access- list- number {deny | permit} protocol
source [source - wildcard destination [destination - wildcard] [operator
operand] [established]
```

表 7-2　扩展 ACL 的参数表

参　　数	描　　述
access-list-number	访问控制列表号,取值为 100~199 或 2000~26999
deny	若条件符合,则拒绝指定地址的通信流量
permit	若条件符合,则允许指定地址的通信流量
protocol	指定协议的类型
source 和 destination	数据包的源地址和目的地址
source-wildcard	应用于源地址的通配符掩码
destination-wildcard	应用于目的地址的通配符掩码
operator	(可选项)比较源地址和目的地址的端口号,可用操作符为 lt(小于)、gt(大于)、eq(等于)、neq(不等于)、range(范围)
operand	(可选项)TCP 或 UDP 端口号或名称
established	(可选项)只针对 TCP,若数据包使用一个已建立的连接,便可允许 TCP 通信流量通过

例如：172.16.10.0 访问 WWW Server 192.168.1.10

```
(config)#access- list 100 permit tcp 172.16.10.0   0.0.0.255 host 192.168.1.10
eq 80
```

(2)宣告 ACL,将设置好的 ACL 添加到相应的端口中,语法格式如下:

```
Router (config)#interface interface- id
Router (config- if)#ip ;lkaccess- group access- list- number in/out
```

例如：

```
(config)#interface f0/0
(config- if)#ip access- group 100 in
```

五、实验步骤

Router1 所连接的计算机除 PC0(192.168.1.1)外,不能访问 Router2。

（1）设计网络拓扑结构，如图 7-1 所示。

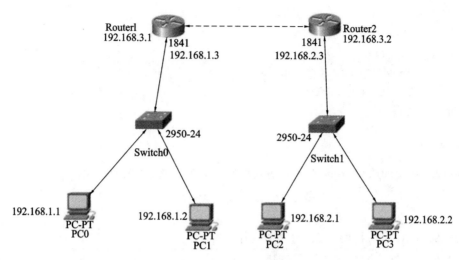

图 7-1　网络拓扑结构

（2）配置路由器实现网络互通，命令如下：

```
Router>enable
Router1#conf t
Enter configuration commands, one per line. End with CNTL/Z.
Route1r(config)#int fastethernet0/0
Router1(config- if)#ip address 192.168.1.3 255.255.255.0
Router1(config- if)#no shutdown
Router1(config- if)#exit
Router1(config)#int fastethernet0/1
Router1(config- if)#ip address 192.168.3.1   255.255.255.0
Router1(config- if)#no shutdown
Router1(config- if)#exit
Router1(config)#router rip
Router1(config- router)#version 2
Router1(config- router)#network 192.168.1.0
Router1(config- router)#network 192.168.3.0
Router1(config- router)#exit
```

Router2 的配置与 Router1 的类似。

（3）配置标准 ACL，命令如下：

```
Router2(config)#access- list 2 permit 192.168.1.1
Router2(config)#access- list 2 deny 192.168.1.0 0.0.0.255
Router2(config)#access- list 2 permit any
Router2(config)#int fastethernet0/1
Router2(config- if)#ip access- group 2 in
Router2(config- if)#exit
```

(4)验证,命令如下:

```
Router2#show access- lists
Standard IP access list 2
    permit host 192.168.1.1
    deny 192.168.1.0 0.0.0.255
    permit any (1 match(es))
Router#
```

六、小结

通过本实验的练习,让学生掌握访问控制列表的原理、配置及应用。

七、思考与练习

(1)标准 ACL 与扩展 ACL 的区别是什么?

(2)如何实现不同协议的访问控制?

(3)如何实现不同时间段的访问控制?

实验二十七　防火墙的安装与配置

一、实验目的

(1)熟悉防火墙的原理;

(2)防火墙 ISA Server 2006 的安装与配置;

(3)防火墙 ISA Server 2006 应用策略的配置。

二、实验内容

(1)掌握防火墙 ISA Server 2006 的安装与配置;

(2)掌握防火墙 ISA Server 2006 应用策略的配置。

三、实验仪器及环境

(1)Windows 2003 Server 计算机 1 台;

(2)运行 Windows XP/Windows 2003 Server/Windows 7 操作系统的 PC 2 台;

(3)交换机 1 台;

(4)ISA Server 2006 安装包。

四、实验原理

防火墙(Firewall)是指在本地网络与外界网络之间的一道防御系统,是在两个网络通信时执行的一种访问控制尺度,它允许"被同意"的数据进入网络,同时将"不被同意"的数据拒之门外,最大限度地阻止了网络中的黑客访问网络。互联网上的防火墙是一种非常有效的网络安全模型,通过它可以使企业内部局域网与 Internet 之间或者与其他外部网络互相隔离、限制网络互访,从而达到保护内部网络的目的。

从防火墙的软、硬件形式来分,防火墙可分为软件防火墙、硬件防火墙和芯片级防火墙。软件防火墙运行于特定的计算机上,俗称"个人防火墙"。硬件防火墙是基于硬件平台的网络防预系统,与芯片级防火墙相比,并不需要专门的硬件。目前市场上大多数防火墙都是基于 PC 架构的硬件防火墙。芯片级防火墙基于专门的硬件平台,没有操作系统。专有的 ASIC 芯片促使它们比其他种类的防火墙速度更快,处理能力更强,性能更高。

从防火墙的技术来分,防火墙可以分为包过滤型、应用代理型。

(1)包过滤型防火墙工作在 OSI 网络参考模型的网络层和传输层,它根据数据包头源地址、目的地址、端口号和协议类型等标志确定是否允许通过。只有满足过滤条件的数据包,才能被转发到相应的目的地,其余数据包则被丢弃。

(2)应用代理型防火墙工作在 OSI 的最高层,即应用层。其特点是完全"阻隔"网络通信流,通过对每种应用服务编制专门的代理程序,实现监视和控制应用层通信流的作用。

五、实验步骤

部署 ISA 防火墙,规划防火墙相关端口的 IP 地址。在防火墙上配置规则,完成内、外网 NAT 转换上网。

1. 安装防火墙

防火墙就是一台装有 Windows 操作系统的计算机,安装有三张网卡,分别对应外网、内网和 DMZ,如图 7-2(图中参数为本实验的参数)所示。

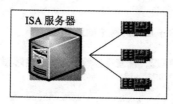

图 7-2　防火墙

外网网卡是一个能连接 Internet 的网卡,其设置如图 7-3 所示。

DMZ 网卡及内网网卡的设置如图 7-4 所示。

按照安装向导安装防火墙 ISA Server 2006 中文版。

2. 添加内网网络

在 ISA 中指定内网网卡,此网卡代理内部的网络。单击"添加"按钮,在弹出的"地址"窗口中单击"添加适配器"按钮,在弹出的"选择网络适配器"窗口中勾选 LAN 网卡,如图 7-5 所示。

3. ISA Server 2006 配置 NAT 代理

本实验配置基本的三条访问规则分别为:内网访问外网、内网访问本机、本地主机访问内外网。

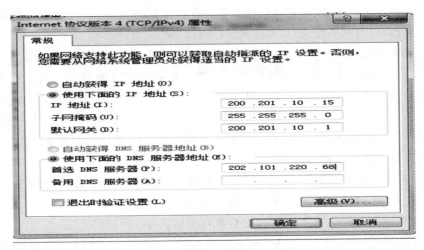

图 7-3　外网网卡的设置

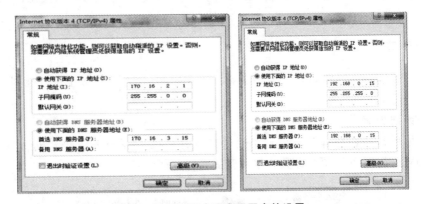

图 7-4　DMZ 网卡及内网网卡的设置

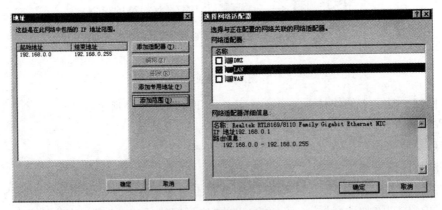

图 7-5　网卡设置

（1）内网访问外网。

这条规则的作用是允许内部计算机通过 NAT 技术访问 Internet，但是是单向访问外网，外网不能直接访问内网计算机。创建访问规则的方法如下。

①安装好 ISA Server 2006 后,在"桌面"→"开始"→"所有程序"中找到 ISA Server 2006 应用程序,启动后的运行界面如图 7-6 所示。

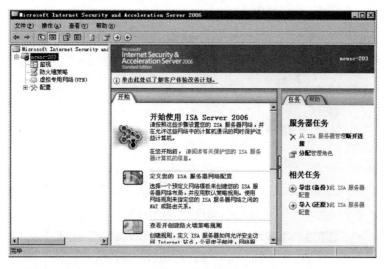

图 7-6　运行界面

②展开左边的树形目录,通过右击"防火墙策略"→"新建"→"访问规则"来新建一条访问规则。新建访问规则流程如图 7-7 所示。

图 7-7　新建访问规则

③在打开的"新建访问规则向导"中输入访问规则的名字,本实验中这条规则的名字叫"内网访问外网",如图 7-8 所示。

④单击"下一步"按钮,在"规则操作"窗口中选择"允许",如图 7-9 所示。

⑤单击"下一步"按钮进入协议选择窗口,在"此规则应用到"栏中选择"所有出站通讯",表明全访问协议放行,如图 7-10 所示。

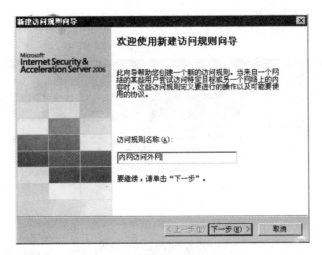

图 7-8　新建访问规则向导

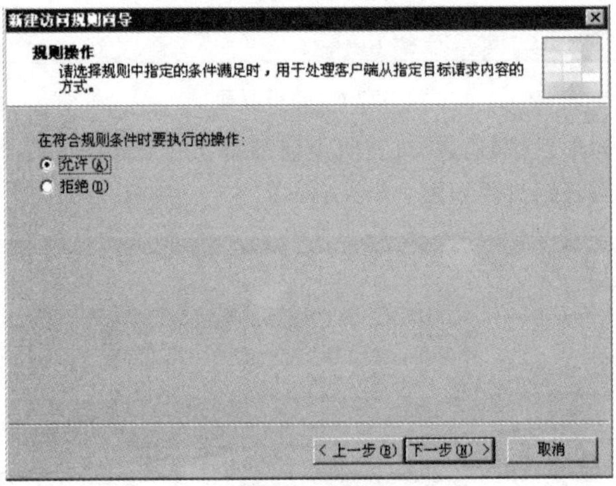

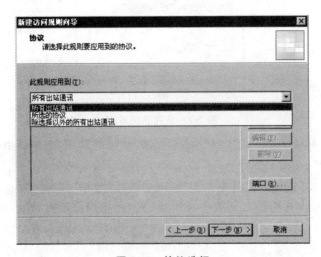

图 7-9　规则操作

图 7-10　协议选择

⑥单击"下一步"按钮进入访问规则源窗口,在此窗口中指定访问的数据来源,如图 7-11 所示。

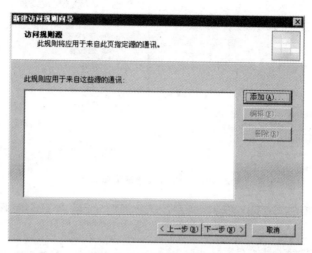

图 7-11　访问规则源窗口

单击"添加"按钮,在弹出的"添加网络实体"窗口中,展开"网络",选择"内部",如图 7-12 所示。

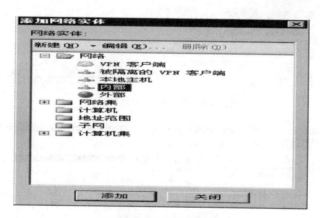

图 7-12　添加网络实体

单击"添加"按钮,将"内部"网络添加到访问规则源窗口中。

⑦单击"下一步"按钮,打开"访问规则目标"窗口。与规则源相对应,访问规则目标就是访问的目标。这里内部网络需访问的是 Internet,所以要添加的是"外部"网络。单击"添加"按钮,在弹出的"添加网络实体"窗口中,展开"网络",选择"外部",如图 7-13 所示。

⑧按照向导提示依次单击"下一步"按钮,完成规则的创建,如图 7-14 所示。

(2)内网访问本机。

按照相同的创建访问规则流程添加访问规则。内网访问本机是允许来自内部网络的计算机访问 ISA 服务器本身的。内网访问本机访问规则源选"内部",如图 7-15 所示。访问规则目标选"本地主机",本地主机指的就是服务器,如图 7-16 所示。

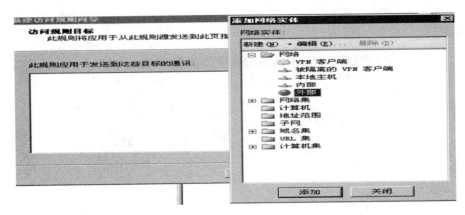

图 7-13　访问规则目标窗口 1

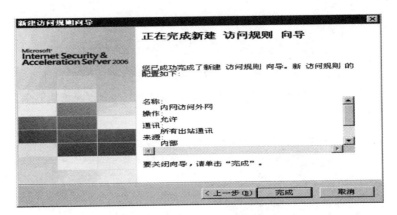

图 7-14　完成规则创建的窗口

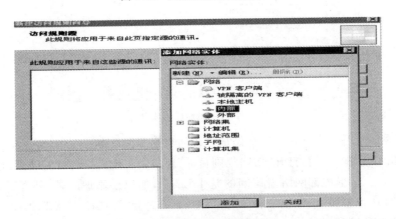

图 7-15　选择访问规则源

(3)本地主机访问内外网。

这条规则使 ISA 服务器可以访问内部计算机,也可以访问外网。这条规则的访问规则源选"本地主机",如图 7-17 所示。

访问规则目标为"内部"和"外部",如图 7-18 所示。

(4)规则创建好后,在 ISA 管理窗口中按照提示单击"应用"按钮,创建的规则即可生

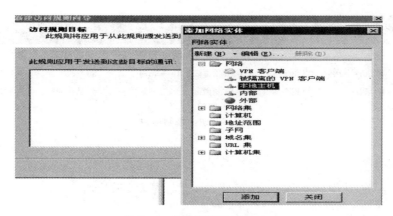

图 7-16 访问规则目标窗口 2

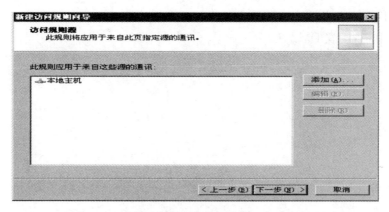

图 7-17 新建访问规则 1

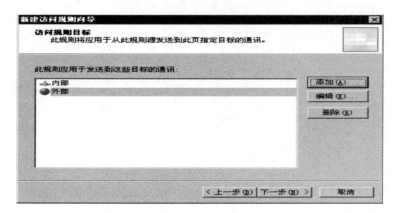

图 7-18 新建访问规则 2

效。生效的三条访问规则如图 7-19 所示。

4. 客户端配置与测试

内网用户设置好与 ISA 内网网卡相匹配的 IP,网关设置为 ISA 内网网卡的地址
192.168.0.15。打开 Internet 上的网页,或者 Ping 外网的网址。

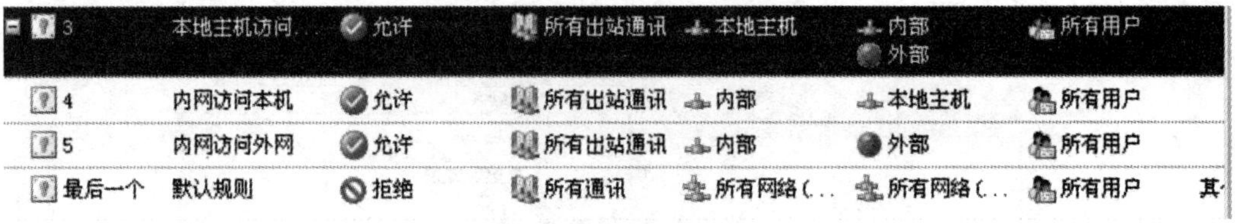

图 7-19 访问规则应用

六、小结

通过本实验,让学生掌握防火墙的基本原理与配置及其应用。

七、思考与练习

(1)DMZ 区是指什么?
(2)如何实现配置 DMZ 区?

第8章 课程综合实验

计算机网络课程综合实验涉及计算机网络实验的大部分内容,具体包括基本应用网络的设计和构建方法、虚拟局域网的划分及使用、路由协议及相关配置方法和各服务器的应用与配置方法。通过该实验,让学生掌握网络拓扑的设计及实现,理解路由协议原理及相关配置方法,实现网络的互连,同时,掌握服务器应用平台的搭建及相应的配置方法,其应用包括 Web 服务器、DNS 服务器、DHCP 服务器、FTP 服务器、邮件服务器等。

一、总体要求

(1)掌握路由协议及相关配置方法;

(2)掌握各服务器的应用及配置方法;

(3)初步掌握应用网络的设计及构建方法。

二、具体功能要求

(1)搭建服务器应用平台,应用包括 Web 服务器、DNS 服务器、DHCP 服务器、FTP 服务器、邮件服务器等。

(2)画出网络拓扑结构图,标注服务器名称和对应点的 IP 地址(可参考如图 8-1 所示的网络拓扑结构图,若实际配置中设备不够用,可将服务器搭建在一台 PC 上)。

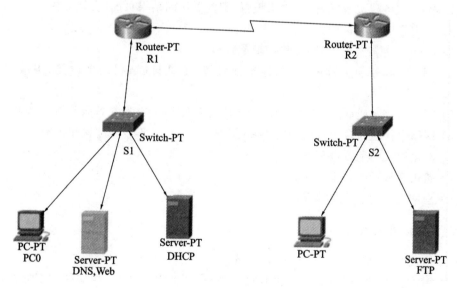

图 8-1 网络拓扑结构图

(3)划分虚拟局域网,实现二层隔离,并通过三层交换机或路由器实现虚拟局域网的连通。

(4)各服务器域名的主机名为应用服务名称,域名主体为自己的姓名全称或首字母缩写,域名后缀为. edu(如 dns. yly. edu、ftp. yly. edu)。

(5) IP 地址以 192.168 开头,第三段为自己的学号最后两位,第四段自由给定(如 192.168.52.1)。

(6) 建立两个网站,主机名为 www 和 www2,端口号都为 80。再建立一个网站,主机名仍为 www,端口号为 8080,三个网站对应访问不同的内容。域名以自己的名字全称或首字母缩写命名(如 www.yly.edu,www.yly.edu,www2.yly.edu)。客户端访问站点必须以域名+端口方式(端口号为 80 可省略)访问。

(7)DHCP 服务器实现全网地址分配,将上述服务器地址加入地址排除范围中。地址租约期以学号后两位设置天数、时间或分钟(如 DNS 服务器的地址为 192.168.52.2,应在 DHCP 中排除)。

(8)FTP 服务器设置的两个账号分别对两个网络文件进行访问和维护,FTP 网站的命名方式类似于 Web 服务器中的站点命名。客户端访问站点必须以域名方式访问(如 ftp://ftp.yly.edu)。

(9)配置路由,保证全网连通(可为静态路由或动态路由 RIP、OSPF)。

(10)DNS 服务器实现全网内解析。

(11)Web 服务器和 FTP 服务器实现全网内访问。

三、实验结果要求

撰写综合性实验报告(采用综合实验报告格式)。对关键配置进行局部截图并辅以文字说明,主要包括以下方面。

(1) Web 服务器关键配置、主机头设置、浏览器访问结果页面(含地址栏)。

(2) FTP 服务器关键配置。

(3) DNS 服务器关键配置,如作用域配置。

(4) DHCP 服务器关键配置,如地址池设置、地址排除、租约期设置、中继代理设置等。

(5) 客户端获取地址的 IPCONFIG/ALL 结果及客户端 ping 各服务器的结果。

(6) 网络中任意一台计算机访问 Web 服务器、FTP 服务器的过程和结果。

(7) 路由协议的配置过程。

(8) 路由表显示的结果。

(9) 全网连通的 ping 测试结果。

四、实验报告格式要求

(1) 格式规范、统一(如字体、字号、对齐等)。

(2) 图片清晰,文字说明得当(图片居中,每章图片有图题,有相应的文字分析,并说明该图的来由和作用)。

(3) 结果分析合理。

参 考 文 献

[1] 谢希仁.计算机网络[M].7 版.北京:电子工业出版社,2017.

[2] Andrew S. Tanenbaum.计算机网络英文影印版[M].5 版.北京:清华大学出版社,2014.

[3] Andrew S. Tanenbaum.计算机网络[M].4 版.潘爱民,译.北京:清华大学出版社,2006.

[4] 吴功宜.计算机网络[M].3 版.北京:清华大学出版社,2013.

[5] 陈鸣译.计算机网络:自顶向下方法[M].5 版.北京:机械工业出版社,2013.

[6] 王盛邦.计算机网络实验教程[M].北京:清华大学出版社,2017.

[7] 董宇峰,王亮,彭丽艳,等.计算机网络技术基础[M].北京:清华大学出版社,2017.

[8] 黄林国,解卫华,娄淑敏,等.计算机网络技术项目化教程[M].2 版.北京:清华大学出版社,2017.

[9] 王春东,莫秀良,唐树刚,等.计算机网络综合实验[M].北京:清华大学出版社,2016.

[10] 钟辉,钟婉石,牛志成,等.计算机网络实践教程[M].北京:清华大学出版社,2016.

[11] 任兴田,王勇,杨建红.计算机网络课程设计[M].北京:清华大学出版社,2016.

[12] 杨云.计算机网络技术实训教程[M].北京:清华大学出版社,2016.

[13] 陈国君,彭诗力.计算机网络实验教程[M].北京:清华大学出版社,2016.

[14] 李馥娟,王群.计算机网络实验教程[M].北京:清华大学出版社,2013.

[15] 彼德森,戴维.计算机网络:系统方法[M].叶新铭,等,译.北京:机械工业出版社,2005.

[16] 孔宪君,吕滨.计算机网络操作系统原理与应用[M].北京:机械工业出版社,2006.

[17] 王卫亚,李晓莉,等.计算机网络:原理、应用和实现[M].北京:清华大学出版社,2007.

[18] 张连永,等.计算机网络基础应用教程[M].北京:清华大学出版社,2007.

[19] 赵阿群,等.计算机网络基础[M].北京:北方交通大学出版社,2006.

[20] Jeanna Matthews.计算机网络实验教程[M].李毅超,译.北京:人民邮电出版社,2006.

[21] 崔鑫,吕昌泰.计算机网络实验指导[M].北京:清华大学出版社.2007.

[22] 于维洋,等.计算机网络基础教程与实验指导[M].北京:清华大学出版社,2007.

[23] 网络设备及通信介质认知. https://wenku. baidu. com/view/0a4480a0b8f67-

c1cfad6b8fd. html.

[24] 锐捷路由器. http://www. image. baidu. com.

[25] 快速生成树配置. http://www. doc88. com/p—6806778142947. html.

[26] 邮件服务器配置. https://wenku. baidu. com/view/8ede0ec06137ee06eff918d2. html.